◆ 湖北水安全研究丛书之三 ◆

江汉平原
河湖生态治理技术

李瑞清 等 编著

中国水利水电出版社
www.waterpub.com.cn

·北京·

内 容 提 要

　　本书是针对武汉市东湖港城市河流生态治理技术的实践总结，图书包含理论篇和实践篇。理论篇内容包括平原水网区城市河流特性与功能、平原水网区水系连通、城市河流廊道-生境共建共生、河道型海绵建设技术、河湖生态岸坡防护技术、河湖生态清淤技术、河道生态景观营建技术、现代城市水利工程建筑设计艺术研究；实践篇内容包括东湖港概况、工程目标与任务、港渠工程、海绵建设工程、景观园林工程、建筑工程、工程效果。本书案例具有典型性，可供进行平原水网区城市河流生态治理的工作人员借鉴使用。

图书在版编目（ＣＩＰ）数据

　　江汉平原河湖生态治理技术 / 李瑞清等编著. -- 北京 : 中国水利水电出版社，2022.10
　　ISBN 978-7-5226-1051-1

　　Ⅰ．①江… Ⅱ．①李… Ⅲ．①江汉平原－河流－生态环境－环境治理－研究②江汉平原－湖泊－生态环境－环境治理－研究 Ⅳ．①X52

中国版本图书馆CIP数据核字(2022)第193458号

书　　名	湖北水安全研究丛书 **江汉平原河湖生态治理技术** JIANG - HAN PINGYUAN HEHU SHENGTAI ZHILI JISHU
作　　者	李瑞清　等 编著
出版发行	中国水利水电出版社 （北京市海淀区玉渊潭南路 1 号 D 座　100038） 网址：www. waterpub. com. cn E - mail：sales@mwr. gov. cn 电话：(010) 68545888（营销中心）
经　　售	北京科水图书销售有限公司 电话：(010) 68545874、63202643 全国各地新华书店和相关出版物销售网点
排　　版	中国水利水电出版社微机排版中心
印　　刷	北京印匠彩色印刷有限公司
规　　格	184mm×260mm　16 开本　12.25 印张　304 千字
版　　次	2022 年 10 月第 1 版　2022 年 10 月第 1 次印刷
定　　价	**68.00** 元

凡购买我社图书，如有缺页、倒页、脱页的，本社营销中心负责调换

编制人员名单

主　编：李瑞清

副主编：许明祥　宾洪祥　别大鹏　刘贤才

　　　　姚晓敏　熊卫红　雷新华　周　明

序 一

湖北省江河纵横、千湖棋布，尤其是江汉平原地区，河湖水系高度发育，水网密集。优良的水资源禀赋条件和丰富的天然河网结构，为区域经济社会发展提供了重要的基底条件。但随着经济社会的发展，新老水问题相互交织，江汉平原河湖水生态、水环境状况仍不乐观，河湖生态功能退化、生态系统质量和服务功能低下等问题仍然严峻，一定程度上制约着湖北省经济社会高质量发展。

2016 年 1 月至今，习近平总书记先后三次主持召开长江经济带发展座谈会，提出"要把修复长江生态环境摆在压倒性位置，共抓大保护、不搞大开发"，要"坚持山水林田湖草生命共同体的理念""统筹考虑水环境、水生态、水资源、水安全、水文化和岸线等多方面的有机联系，推进长江上中下游、江河湖库、左右岸、干支流协同治理，改善长江生态环境和水域生态功能，提升生态系统质量和稳定性"。把河湖生态治理提升到一个新高度。

本书立足江汉平原河湖水网特点及经济社会发展现状，以推进水利高质量发展、提高河湖生态系统服务功能为目标，以打造生态河湖、幸福河湖为任务，从河湖生态空间管控、污染末端治理、河湖水系连通、滨岸带生态修复、栖息地生态修复、生态监测与评估等方面构建河湖生态治理措施体系。全书内容丰富、技术可行、成果丰硕，可为专家学者提供技术参考和借鉴。

问渠那得清如许？为有源头活水来。站在"两个一百年"奋斗目标的历史交汇点，湖北水利应借势发力，乘势而上。以习近平生态文明思想为指引，以绿水青山就是金山银山为导向，推动河湖保护治理向纵深发展，维护河湖健康生命，实现河湖功能永续利用，满足人民日益增长的美好生活需要，推动新阶段水利高质量发展，助力湖北建成中国"生态绿心"。

郭生练

2022 年 6 月

序 二

　　江汉平原作为湖北省"一主引领，两翼驱动，全域协同"的引领区，在湖北省乃至全国经济社会发展格局中具有重要的战略地位和突出的带动作用。区域河流纵横交错，湖泊星罗棋布，是我国三大平原中长江中下游平原的重要组成，既是长江流域的"米袋子""菜篮子"，也是长江流域的"水袋子"。丰富的水资源为江汉平原带来了得天独厚的资源禀赋，也带来诸多新老交织的水安全问题，如水域岸线侵占、水环境污染、水生态损害等。

　　新时代新阶段的发展必须贯彻新发展理念，必须是高质量发展。习近平总书记提出"节水优先、空间均衡、系统治理、两手发力"的治水思路成为推动新阶段水利高质量发展的根本遵循。湖北水利正在从传统水利向现代水利、可持续水利跨越发展。

　　河湖是水资源的重要载体，是生态系统的重要组成部分，保护河湖水资源、维护河湖生态系统完整性，是贯彻落实绿色发展理念、推进生态文明建设、建设美丽中国的必然要求。本书系统梳理了江汉平原地区河湖水系存在的主要问题，用新治水思路引领行动，全面回应治水新形势新要求，从河湖水生态空间管控、污染末端治理、水系连通、滨岸带生态修复、栖息地生态修复以及生态监测等方面提出了河湖生态治理对策和措施，构建复苏河湖生态环境治理技术体系，为破解江汉平原面临的新老水问题提供了重要的技术支撑。

　　绿水青山就是金山银山。当前，湖北省正处于战略机遇叠加期、省域治理提升期，湖北水利人应该抓住机遇、勇挑重担，锐意进取、开拓创新，进一步丰富和发展河湖生态治理技术体系和治理经验，治理好河湖、守住河湖生态安全边界，重塑和保持河湖健康生命，建成更高质量、更可持续、更能满足人民美好生活需要的幸福河湖，实现河湖治理与区域经济社会高质量发展协调双赢，助力湖北加快中部崛起。

2022 年 6 月

前　言

　　江汉平原位于长江中游，地处湖北省中南部，西起宜昌枝江和当阳市，东迄黄梅和阳新县，北至荆门钟祥市，南与洞庭湖平原相连，面积约 7.48 万 km²。江汉平原区位优势突出、自然条件优越、文化底蕴深厚，区内河湖纵横密布、田地阡陌交错、稻菽飘香、鱼虾满仓，以全省 40％的国土面积聚集了全省近 64％的人口，创造了约 70％的经济总量，是湖北省及全国的重要商品粮、棉、油生产基地和畜牧业、水产基地。

　　随着人民对美好生活的向往日益增长，江汉平原地区社会经济高速发展，其生态环境问题逐渐凸显。由于工业废水和生活污水排放量逐年增长，农药化肥过量使用，部分地区生活垃圾随意堆放，致使流域内入河污染负荷增高，水体黑臭、富营养化问题突出，水功能区达标率低；水系分割严重、连通性较差、水动力弱，生态系统退化严重，生物多样化水平降低，这些问题都已经成为江汉平原地区可持续发展的重大瓶颈。

　　党的十八大以来，习近平总书记从生态文明建设的整体视野提出"山水林田湖草是生命共同体"的论断，强调"全方位、全地域、全过程开展生态文明建设"。因此，河湖生态治理应统筹山水林田湖草系统，综合考虑水安全、水资源、水环境、水生态、水景观与水文化的协调统一，实现"水清岸绿、鱼虾洄游、环境优美"的景象。在确保防洪排涝安全下，统筹流域—区域—城乡水环境，通过控源截污、清淤、畅流、活水、管理等综合措施，增强水动力、增加水环境容量、提高河湖自净能力、修复水生态系统，实现水资源可持续高效利用与水环境生态系统改善的良性循环。

　　本书在系统梳理江汉平原河湖生态环境现状的基础上，分别从水生态空间划分与管控、污染末端治理、河湖水系连通、滨岸带生态修复、栖息地生态修复、生态监测与评估等方面提出河湖水系的生态治理措施，并介绍了相关工程案例，以期为江汉平原幸福河湖建设提供科学支撑，助力区域绿色高质量发展。全书共分七章，第一章系统分析了江汉平原的基本特征、历史演变以及江汉平原河湖的生态环境现状，由李天生、刘伯娟执笔；第二章介绍了水生态空间划分方式及管控指标与措施，由张平、王鑫执笔；第三章以生态清淤、人工湿地、植被缓冲带为重点介绍了河湖污染末端治理技术，由陈颖姝、吴迪民执笔；第四章对水系连通的内涵、评价指标、功能原则及关键技术进行了系统介绍，由李晶晶、杨家伟执笔；第五章提出了以生态景观营造、廊道建设、滨岸带海绵建设、生态岸坡防护为主的滨岸带生态修复技术体系，由崔鸣、顾建云、杨梦、李子文执笔；第六章介绍了包括基底营造、植被恢复、动物群落栖息地营造在内的栖息地生态修复技术，由乔梁、武柯宏执笔；第七章提出了河湖生态监测与健康评估体系，由王咏铃执笔。全书由王咏铃统稿，邹朝望、李娜、余凯波、黎南关审核，李瑞清、许明祥审定。在本书修改完善的过程中，长江流域水资源保护局原总工程师穆宏强给予悉心指导和审阅，在此表示衷心感谢。

由于作者水平所限，书中难免存在不妥之处，敬请读者提出宝贵意见。

作者

2022 年 6 月

目 录

第一章 江汉平原河湖水网现状

江汉平原是我国社会、经济和文化较为发达的地区，是国家重要粮、棉、油生产基地和工商基地，是诸多国家重大产业聚集区，同时这里也是我国最为典型的平原水网地区之一。整体而言，江汉平原地区水系发达，湖泊密布，长江、汉江穿行而过，域内拥有大量的中小河流、湖泊。自古以来，江汉平原就面临诸多水问题。近代以来，随着社会经济的发展和人民生活水平的提高，江汉平原水问题，特别是水生态环境问题新老交织，业已成为区域社会绿色高质量发展的一大瓶颈。在此背景下，本章在系统介绍江汉平原河湖水系特征的基础上，概括了区域水网当前面临的水生态问题，借此为后文提出的江汉平原河湖生态治理技术奠定基础。

第一节 江汉平原基本概况

一、江汉平原地理范围

江汉平原位于湖北省中南部，由长江和汉江冲积而成，是我国三大平原之一的长江中下游平原的重要组成部分，也是我国海拔较低的平原之一。有关江汉平原范围及面积，在学术上存在许多不同的观点，有狭义江汉平原、广义江汉平原等说法。其中，由湖北省水利水电规划勘测设计院、武汉大学等单位经过长期实地勘察，综合各种要素认定并提出的边界范围，被广泛接受并得到了官方认定。因此，本书也将采用这一边界对江汉平原进行具体分析介绍。

确切来讲，江汉平原地理范围西起枝江市姚家港，连接鄂西山地；东迄黄冈市黄梅县，连接龙感湖；北沿汉江、府河达钟祥、安陆以及麻城等地，连接大洪山、荆山；南部与湖南省的洞庭湖平原和幕阜山连接，为海拔 50m 以下区域，国土面积共计 7.48 万 km²。江汉平原根据水系布局及区位可以大致分为汉北区、汉南区、四湖区、荆南四河区、鄂东沿江平原区和鄂东南水网区六个分区，各个分区所涉及的市县区见表1-1。

二、江汉平原自然条件

（一）地形地貌

江汉平原是在古湖盆基础上由长江与汉水共同冲积而成的平原，在现代地貌上由三个河间洼地所组成。这三个洼地自北向南依次为汈汊湖洼地（天门河与汉水之间）、排湖洼

表 1－1 江汉平原水系布局及分区特征

分区名称	所 跨 行 政 区
汉北区	钟祥市、荆州市、天门市、汉川市、武汉市东西湖区、武汉市江汉区、武汉市江岸区、武汉市黄陂区、孝感市孝南区、云梦县、应城市
汉南区	潜江市、仙桃市、武汉市汉南区、武汉市蔡甸区、武汉市硚口区
四湖区	荆州市沙市区、潜江市、江陵县、监利市、石首市、洪湖市、嘉鱼县
荆南四河区	松滋市、枝江市、公安县、石首市
鄂东沿江平原区	武汉市黄陂区、武汉市新洲区、团风县、黄冈市黄州区、浠水县、蕲春县、大冶市、黄石市下陆区、黄石市西塞山区、阳新县、武穴市、黄梅县
鄂东南水网区	赤壁市、嘉鱼县、武汉市江夏区、武汉市洪山区、武汉市青山区、鄂州市梁子湖区、鄂州市鄂城区、鄂州市华容区、大冶市、黄石市铁山区

地（汉水与东荆河之间）和四湖洼地（东荆河与长江之间）。其地貌组合特点是天然堤（或人工堤）与条状的河间洼地、河流呈向心形的平行带状分布，地表"大平小不平"。其中以四湖洼地为核心的地带地势最低，范围最广，俗称"水袋子"，是江汉平原的中心地区。从平原中心的低地渐次向外呈梯级上升为岗地、丘陵。这种地貌形势有利于河流梯级开发，但也易造成严重的内涝外洪。除自然地貌外，人工地貌在江汉平原也占有十分重要的地位，其中以堤防最为重要。今天的江汉平原，江堤、河堤、湖堤、垸堤数量众多，密如蛛网。许多天然河流都经过人工改造，并呈现渠化的面貌。

（二）气候

从气候条件来看，江汉平原处于北亚热带季风气候。温暖湿润，雨热同期，热量充足。多年平均气温为 17℃。最热月份为 7 月，平均气温约为 28.69℃，极端高温为 41.7℃；最冷月份为 1 月，平均温度为 4.1℃，极端低温为 －16.2℃。年均日照时数为 1775h；平原区年降水量约 1266mm。降水年内分配不均匀，夏季和秋季受来自南方的温湿气流的影响，降水丰富，以 4—8 月最为集中，约占全年的 65%；春季和冬季受北方干冷气流的控制，降水较少。

（三）土壤与植被

作为典型的冲积平原，江汉平原土壤深厚、肥沃。耕作土壤以水稻土和潮土为主，水稻土又可分为潴育型、潜育型和沼泽型等亚类。其中，潴育型水稻土熟化程度高，地下水位低，是水稻种植的理想土壤。潜育型和沼泽型水稻土通常称为"低湖田"，地下水位高，长期渍水，适宜种植单季稻。潮土主要分布在高亢地带，质地以壤质为主，土体疏松，地下水位低，水、气较协调，土壤肥力高，适宜种植旱地作物。

良好的自然条件，使江汉平原适于生长落叶阔叶与常绿阔叶混交林。但由于长期以来人类活动的影响，这里的原生植被遭到破坏，仅在低丘或边缘垄岗和蚀余丘陵上有少量残存，大部分地区已辟为农田，作物以水稻、小麦、棉花为主。湖区水域及其边缘地带有大量的水生和沼生植物，如芦苇、苔草及藻类等。在低丘及村落周围，有一些次生林和人工栽培林。

（四）自然资源

1. 土地资源

江汉平原历来是长江、汉江的洪泛区，有集中连片的深厚、疏松的土层，有利于灌溉农业的发展。就土地类型而言，江汉平原面积最大的是耕地，其次为水域，属于典型的"水乡泽国"地理景观。2017 年，江汉平原共有耕地 3111 万亩，占区内国土面积的 28％，占湖北省耕地总面积的 59％。

2. 农业资源

江汉平原沃野千里，地层浓厚，适宜各类粮食作物和经济作物生长，是我国少有的稻、麦、粟、棉、麻、油、糖、菜都能大量出产的地区。

粮食作物以水稻为主，小麦次之。其中水稻播种面积广，可一年三熟，产量高、质量好，为全国十二大商品粮主产区之一。经济作物以棉花为主，大豆、芝麻、油菜等油料作物为辅，始终是我国重要的产棉区。

3. 矿产资源

江汉平原矿产资源丰富，武汉已发现矿藏 38 种，其中探明储量的有 24 种，累计探明储量 9.6 亿 t，荆州地区的矿产资源主要有卤盐、石油、煤、硫铁矿、铅锌矿、重晶石、膨润土等；荆门地区探明储量的矿种有 50 多种，矿床 543 处。其中在石油钻探和航天工业等领域有广泛用途的累托石储量 673 万 t，居全国之首。此外，黄石大冶的铜矿、铁矿及孝感应城的石膏矿，在全国都拥有重要的地位。

三、江汉平原社会经济

江汉平原地势平坦、土地肥沃、物产丰富、交通便利，拥有得天独厚的自然条件和得天独厚的区位优势；自古以来就吸引着四方客商，商品经济发达，城市密布、人口集中，是我国著名的富饶平原之一，是湖北省政治、经济、文化中心，也是我国中部社会经济最为发达的地区。其工业、农业、第三产业在我国的国民经济中占有重要地位。

江汉平原兼具通江达海、中西联动的地理优势，"水陆空"立体交汇的交通优势，"千湖蓝水千湖月，江汉处处涌碧波"的生态优势和江河湖泊星罗棋布、纵横交织的水资源优势。长江经济带、汉江生态经济带、武汉城市圈、全国"两型社会"建设综合配置改革试验区、洞庭湖生态经济区等一系列国家战略在此交汇叠加，是我国内河流域保护开发示范区、中西部联动发展试验区、长江流域绿色发展先行区，综合优势突出，发展前景广阔。

1. 工业

江汉平原拥有门类齐全的工业体系，是我国主要制造业基地和老工业基地之一。2017年，江汉平原的地区生产总值 23708 亿元，占湖北省总量的 67％。

江汉平原内，拥有以钢铁、汽车、化工、冶金、造船和机械制造等完整的重工业体系，以纺织、食品、家具、造纸、印刷、日用化工为代表的轻工业，以及光电子、生物、医药为代表的新型产业，构建了完整的工业体系。拥有武钢集团有限公司、武汉重型机床集团有限公司、武昌船舶重工有限责任公司、东风汽车集团有限公司、华新水泥股份有限公司等特大型工业企业，几乎集中了湖北省全省工业企业的精华。

2. 农业

江汉平原农业发展历史悠久，历来享有"鱼米之乡"的美誉，有着丰富的农业生产经验。先天的地理和资源优势、丰富的农业经验，不断推进区域农业快速发展，使江汉平原成为湖北省最重要的农业生产区。2017 年，江汉平原耕地面积 3111 万亩，占湖北省总量的 59%；农业总产值 3769 亿元，占湖北省总量的 61%；渔业总产值约 900 亿元，占湖北省总量的 82%；粮食总产量 1730 万 t，占湖北省总量的 61%；棉花总产量 16 万 t，占湖北省总量的 86%。

江汉平原是湖北省乃至全国的重要棉粮油种植区，也是湖北省主要和全国重要的生猪和禽蛋生产中心。江汉平原河湖密布，是湖北省最大的淡水养殖业基地，也是全国最主要的淡水养殖和商品生产基地。独特的自然资源和政策条件给这里的乡镇企业提供了广阔的平台和不可多得的机遇。

伴随着长江经济带的发展，江汉平原的农业对于区域粮食安全意义越来越大。江汉平原不仅是湖北中部崛起战略的重要基石，也是我国未来长江经济带生存与发展的支柱。

3. 第三产业

江汉平原第三产业相对发达，国内贸易、对外经济、房地产业、邮电通信及金融保险业均在湖北省占据极大比重，是全国第三产业精华区。其中心城市武汉，是我国首批沿江对外开放城市之一，是外商投资中部的首选城市，是国家重要的经济中心、金融中心、国际会展中心。江汉平原文化发达，在科技教育方面，武汉是我国四大科教中心城市之一。拥有的普通高校总数，在校研究生、本科及大专生，国家重点实验室、教育部重点实验室数量均位居中西部第一。拥有的公共图书馆、博物馆、群众艺术馆和文化馆也处于中部地区领先水平。在交通运输方面，江汉平原公路、铁路、水运、航空均较发达。

四、江汉平原主要河湖及蓄水工程概况

如上文所述，江汉平原水网密集，主要由河流、湖泊、沼泽等天然湿地和水库组成。江汉平原水系示意如图 1-1 所示。

（一）河流

江汉平原地势低平，河渠纵横交错。区域内水系以长江、汉江伟轴心的向心型水系。据统计，区域内流长在 100km 以上的河流 26 条，10km 以上的河流 500 多条。主要河流如下。

1. 长江

长江是世界第三长河、我国最大的河流，也是江汉平原所有水系的母亲河。全长 6300余 km。在宜昌枝江姚家港进入江汉平原，到鄂赣交界处的黄梅县刘佐乡出境，区域内全长 900 余 km。区域内河段大致可分为荆江、城陵矶—武汉段，以及武汉—黄梅段。长江是江汉平原水资源的主要来源，长江上游洪水也是构成江汉平原洪水的主体。

2. 汉江

汉江是长江最大的支流，干流全长 1577km，流域面积 15.9 万 km²。其中钟祥以下流经江汉平原，长约 382km。与长江相比，汉江的水质清澈，含沙量低；但平原河道蜿蜒曲折，而且越往下游河道越窄，因而洪涝灾害十分频繁。

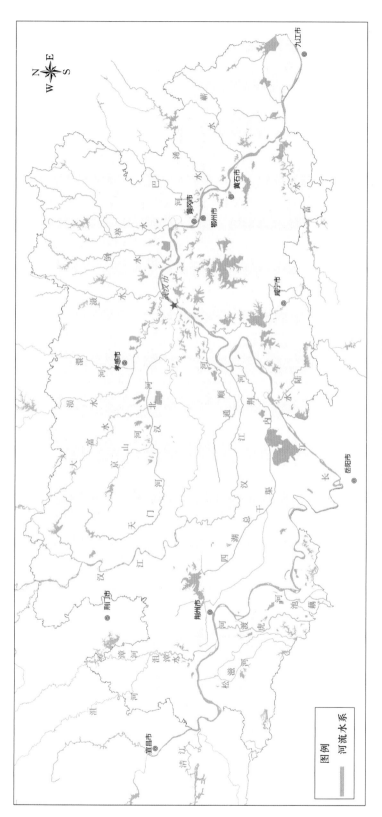

图1-1　江汉平原水系示意图

新中国成立后，随着丹江口水利枢纽工程、杜家台分蓄洪区以及沿江堤防建设，汉江的防洪形势有所好转。近年来，随着陕西引汉济渭工程、南水北调中线工程以及鄂北调水工程的相继实施，汉江下泄量减少，出现了一定程度的缺水问题。

3. 其他河流

除长江和汉江外，江汉平原还有众多的中小河流，按水系大致可划分为"四湖"流域、通顺河流域、府澴河流域、汉北河流域以及荆南"四河"水系、鄂东南水系、富水流域、鄂东北诸河水系等。其中东荆河、内荆河（其下游即"四湖"总干渠）、通顺河、汉北河等为典型的平原河流，其流域面积、比降和水量均较小，在洪水构成中占比不大，但易受渍涝灾害。鄂东南和鄂东北诸河为典型的山区河流，仅在最下游流经平原区；其洪水往往历时短、变化快，内涝较平原河流稍弱，但在上游部分地区可能产生山洪灾害。沮漳河、府澴河、富水兼具山区河流与平原河流特性。而荆南"四河"则是长江向洞庭湖宣泄洪水的通道，本身不产流，其水量大小与长江来水密切相关。

江汉平原主要河流特征见表 1-2。

表 1-2　　　　　　　　　　　　江汉平原主要河流特征表

河流名称	湖北省内河长/km	流域面积/km²	涉　及　行　政　区
沮漳河	320.5	7284	当阳市、荆州市荆州区、枝江市
府澴河	331.7	14769	安陆市、云梦县、应城市、孝感市孝南区、武汉市东西湖区、武汉市黄陂区、武汉市江岸区
滠水河	141	2391	大悟县、红安县、武汉市江岸区、武汉市黄陂区
倒水	148	1837	红安县、武汉市新洲区
举水	170.4	4055	麻城市、武汉市新洲区、团风县
巴河	148	3653	麻城市、团风县、浠水县、黄冈市黄州区
浠水	165.6	2504	浠水县
蕲水	120	1992	蕲春县
松滋河西支	134		枝江市、松滋市、公安县
松滋河东支	123		松滋市、公安县
藕池河东支	116		石首市、公安县
沌水	163	1975	五峰县、松滋市、公安县
陆水	183	3950	赤壁市、嘉鱼县
富水	194.6	5310	阳新县
汉北河	237.6	6299	京山县、钟祥市、天门市、应城市、云梦县、汉川市、武汉市东西湖区
通顺河	195	3266	潜江市、仙桃市、武汉市汉南区、武汉市蔡甸区
东荆河	184		潜江市、监利市、仙桃市、洪湖市、武汉市汉南区

（二）湖泊

湖北省是"千湖之省"，绝大多数湖泊位于江汉平原。根据 2012 年全国第一次水利普查结果，湖北省现有水面面积 100 亩（0.067km²）以上及 20 亩（0.013km²）以上的城中湖 755 个，其中江汉平原分布有湖泊 752 处，占比 99.6%。总水面面积 2705km²，占总面积的 3.8%。其中大于 1km² 的湖泊 230 处，水面面积 2551km²。江汉平原 10km² 以上的湖泊，见表 1−3。

表 1−3　　　　　　　　　　江汉平原 10km² 以上湖泊统计表

湖　名	地域	面积/km²	湖　名	地域	面积/km²
梁子湖（含牛山湖）	荆州市、武汉市	328.2	三山湖	鄂州市	20.2
洪湖	荆州市	308	淤泥湖	荆州市	18.1
长湖	荆州市荆门	131	后湖	武汉市	16.3
斧头湖	咸宁市、武汉市	126	武山湖	黄冈市	16.3
黄盖湖	咸宁市、岳阳市	86	朱婆湖	黄石市	15.2
西凉湖	咸宁市	85.2	牛浪湖	荆州市	15
龙感湖	黄冈市、安庆市	60.9	严西湖	武汉市	14.2
大冶湖	黄石市	54.7	蜜泉湖	咸宁市	13.9
汈汊湖	孝感市	48.7	赛桥湖	黄石市	13.6
汤逊湖	武汉市	47.6	上津湖	荆州市	13.5
保安湖	黄石市、鄂州市	45.1	花马湖	鄂州市	13.02
鲁湖	武汉市、咸宁市	44.9	里湖	洪湖市	12.94
网湖	黄石市	40.2	菱角湖	荆州市	12.903
赤东湖	黄冈市	39	龙赛湖	孝感市	12.5
后宫湖	武汉市	37.3	五四湖	鄂州市	12
涨渡湖	武汉市	35.8	南湖	荆门市	11.8
东湖	武汉市	33.9	海口湖	黄石市	11.1
豹澥湖	武汉市	28	西湖	武汉市	10.6
东西汊湖	孝感市	27.4	磁湖	黄石市	10.5
太白湖	黄冈市	27.3	沉湖	武汉市	10.5
武湖	武汉市	25.5	武湖	仙桃市	10.4
野猪湖	孝感市	23.4	策湖	黄冈市	10.3
崇湖	荆州市	21.2			

（三）水库

湖北省是水利大省，大型水库数量居全国首位。江汉平原内部地势较低，不具备兴建大型水库的条件。但在平原周边仍有一些在湖北省具有一定影响的水库，其中省属大型水库见表1-4。

表1-4　　　　　　　　　　影响江汉平原的省属大型水库统计表

地市名	水库名	地市名	水库名	地市名	水库名
宜昌市	三峡水库	黄冈市	天堂	武汉市	夏家寺
丹江口市	丹江口水库		张家嘴	荆门市	温峡口
黄冈市	浮桥河水库		牛车河		漳河
	三河口水库	咸宁市	南川		石门
	金沙河水库		三湖连江		惠亭山
	明山水库		青山		高关
	尾斗山水库		陆水		黄陂
	白莲河水库	荆州市	洈水	黄石市	富水
	大同水库		太湖港		王英
	花园水库	武汉市	道观河	孝感市	郑家河
	垅坪水库		梅店		观音岩

第二节　江汉平原水网特征

相较于其他类型的河湖水网（山区型水网，高原型水网等），江汉平原水网具有诸多不同之处，这些独特的河湖水系特征也是研究该区域河湖水系水生态演变规律、现状问题以及治理修复措施的基础和前提。本书通过对比分析平原水网与其他类型水网的不同，以及结合江汉平原河湖水系的实际特点，总结概括了江汉平原水网的基本特征和演变特征。

一、江汉平原河湖水系基本特征

（一）水系边界模糊，结构复杂

同大多平原水网地区一样，江汉平原大小河流、湖泊以及人工河渠成网，形成"水网"。这种网状水系，不同于丘陵山区分枝状水系泾渭分明，其河流、湖泊、人工河渠相互连通，河道纵横交错，水系边界模糊。另外江汉平原水网地区河道分叉较多，湖泊星罗棋布，人工河渠嵌于其中，因此，该区域的水系总体呈现结构复杂的特征。

（二）水流流态不定，流速平缓

与自然流域的河湖水系相比，社会经济高度发展的江汉平原河湖水系与人类活动的交互影响更为明显和强烈，该区域的产汇流受人工干扰强烈，水流流向、流态极不稳定。除此之外，由于江汉平原地势平坦，河道比降平缓是该区域自然河流或人工河渠最大的特点。该区域河流虽多但其流速较小、泄水能力低、排水困难，从而造成了河流水体的自净能力差，易形成污水积集的特征。就江汉平原的湖泊而言，由于其与区域内的其他水系连通不畅，水量交换效应不明显，同样也存在水体自净能力差，易形成污水积集的特点。

（三）受人类活动影响显著

与大多平原水网地区类似，江汉平原水网地区呈现出了"城镇居水网、水网穿城镇"的格局。由于长期受人类社会发展的影响，该区域水网的自然格局被打破，逐渐形成了自然水网、人工水网与人工改造水网并存的全新格局。在此背景下，江汉平原水网一般没有自然集水区域，通常都是通过建设堤坝，形成各自的包围圈，在河道内通常也会建设坝、闸、泵等水工建筑物。这使得自然形态的河道被分割成多个独立的河段，且其流速、流量、水深等水文因素受人工调控的影响较大。

整体而言，一系列人为活动（如河道内建库、筑坝、筑堤等）削弱，甚至隔绝了江汉平原水网中湖泊、河、渠的水文连通过程。此外，由于城市化建设以及社会发展驱动下的填湖造田、围湖养鱼、填河、盖河，水网内部的水文连通格局也遭到极大破坏。江汉平原水网连通受阻一方面导致了湖泊、河流等水域面积萎缩，削弱了平原水网原有的调蓄能力，从而导致区域水资源调配能力不足、洪水宣泄不畅等问题；另一方面也会干扰水网水体中物质、能量和生物的迁移交换过程，进而造成一系列水环境问题和生态问题（崔保山等，2016；刘丹等，2019）。

二、江汉平原河湖水系演变特征

（一）形态演变特征

为了争夺有限的土地资源，江汉平原在城市化以及社会经济发展进程中，区域河流、湖泊等水系受人类活动的影响显著。特别是随着城镇化的发展，建设用地需求增加，且河流、湖泊区域空间一般具有较高的经济效益，这导致人们盲目填河、盖河，其上筑马路或搞建筑和"美化"工程；将河道排水改为管道排水；围填自然湖泊、水塘等。诸如此类的不合理开发利用，最终导致了区域水网自然调蓄功能萎缩，河湖滨岸带生态廊道连续性受限。总体而言，近年来，江汉平原水网结构趋于简单，非主干河道与小面积湖泊不断减少，水网逐渐呈现出单一化、主干化的趋势，河湖等水域数量和面积随经济社会发展的加快而快速萎缩，从而导致了区域河湖功能的整体退化。

（二）环境演变特征

江汉平原水网区河湖水系近 50 年来与大江大河连通性下降趋势明显，区域防洪压力也随之增大。随着防洪排涝的需求增加，对一些重要河道河流进行了疏浚拓宽，并开挖连通了一些区域输水河道，但是这些工程建设作为河流消失的补偿措施，使得河流的主干化和单一化表现得越来越明显，进一步加剧了水文情势的改变和洪涝等极端事件的产生，同时也使得水网区生态环境状况愈来愈差。除此之外，随着该区域城市化进程的加快，大量工业、生活污水不经处理直接排入平原水网区中的河流、湖泊等水系，造成水系污染严重，水质持续恶化，使得江汉平原水网区河湖水系的自净能力及生态功能逐渐丧失，生态环境遭到严重破坏。

（三）生态演变特征

由于过去河湖治理过多考虑河流的防洪功能与湖泊的调蓄功能，片面追求河湖滨岸的硬化，多采取石砌护坡、高筑河堤等措施，而淡化了河流、湖泊的资源功能和生态功能，导致河流下游地区大量的沉积与淤塞，减少了河湖水资源对地下水的补充。江汉平原水网区河湖石砌的护岸，改变了其在多种自然力作用下形成的河床与湖泊形态，同时也改变了滨岸带的自然形态特征。更为严重的是这种硬质河湖滨岸带完全改变了一个动态的自然景观系统，扼杀了水系滨岸带动植物的生存环境，岸边的芦苇、水草被清除，两栖类动物的生态廊道被切断，水生昆虫不能正常羽化，从而导致了河湖水系生态功能的大幅降低。除此之外，随着江汉平原水网区城市化的不断发展，区域下垫面的剧烈变化（如植被覆盖的减少、不透水陆面的增加等）以及城市防洪及排水系统的建设打破了自然状态下平原水网区的水文特征，进而改变了区域河湖水系的水文情势，这无疑会对已经适应原有水文特征的生态系统产生较为强烈的扰动甚至破坏，使得该区水网的生态环境退化加剧。

（四）功能演变特征

平原地区重要的基础设施之一就是由河湖等水系组成的水网，其对平原地区的暴雨洪水具有不可替代的调蓄作用。除此之外，水网所形成的独特自然环境有着多项生态功能，其对地区的生态建设、开拓城乡发展、提高城乡人文品位等均显示出独特的作用。随着人们对生态环境的不断重视，江汉平原区的城市河湖等水系的功能近年来逐渐从单一的防洪排涝、灌溉供水转变为须满足现代化城市发展的防洪排水、景观文化、生态环境、雨洪利用、游憩旅游等综合性功能。由此，当前针对江汉平原水网的综合治理也须从以前单一的防洪排涝治理发展为集防洪排涝、区域供水、生态功能等为一体的系统治理。

第三节 江汉平原河湖水网生态环境现状

一、江汉平原水网水环境质量现状

江汉平原地表水环境质量状况总体良好，水质总体保持稳定。长江、汉江干流总体水质较好，维持在《地表水环境质量标准》（GB 3838—2002）规定的Ⅲ类水以上，但长江、汉江沿江城市近岸存在明显的污染带，汉江中下游干流及部分支流"水华"频发；主要湖泊水质状态、营养状况有所改善，但城市内湖污染较严重，富营养化仍突出。

（一）长江、汉江及主要支流

长江、汉江干流总体水质较好，但大多数中小河流、长江和汉江部分支流水质较差；部分城市湖泊存在富营养化问题。

1. 长江干流

长江干流湖北段总体水质为优。涉及江汉平原的 12 个监测断面的水质均为Ⅱ～Ⅲ类，长江干流总体水质保持稳定。2016—2018 年江汉平原长江干流水质状况统计见表 1-5。

表 1-5　　　　　　　　　2016—2018 年江汉平原长江干流水质状况统计表

序号	断面所在地	监测断面	水质类别			交界断面	水质变化
			2016 年	2017 年	2018 年		
1	荆州市	砖瓦厂	Ⅲ	Ⅲ	Ⅱ	宜昌—荆州市界	有所好转
2		观音寺	Ⅲ	Ⅲ	Ⅲ		
3		柳口	Ⅲ	Ⅲ	Ⅲ		
4	石首市	调关	Ⅲ	Ⅲ	Ⅲ		
5	监利市	五岭子	Ⅲ	Ⅲ	Ⅲ		
6	武汉市	纱帽	Ⅱ	Ⅱ	Ⅱ	荆州、咸宁—武汉市界	
7		杨泗港	Ⅱ	Ⅱ	Ⅱ		
8		白浒山	Ⅱ	Ⅲ	Ⅲ		有所下降
9	鄂州市	燕矶	Ⅱ	Ⅱ	Ⅱ		
10	黄石市	三峡	Ⅲ	Ⅲ	Ⅲ	鄂州—黄石市界	
11		风波港	Ⅲ	Ⅲ	Ⅱ		有所好转
12	武穴市	中官铺	Ⅲ	Ⅱ	Ⅱ	鄂—赣省界	

资料来源：《2017 年湖北省环境质量状况》和《2018 年湖北省环境质量状况》。

2. 汉江干流

汉江干流总体水质为优。涉及江汉平原的 12 个监测断面水质均为Ⅱ类。2016—2018 年江汉平原汉江干流水质状况统计见表 1-6。

表 1-6　　　　　　　　　2016—2018 年江汉平原汉江干流水质状况统计表

序号	断面所在地	监测断面	水质类别			交界断面	水质变化
			2016 年	2017 年	2018 年		
1	钟祥市	转斗	Ⅱ	Ⅱ	Ⅱ	襄阳—荆门市界	
2		皇庄	Ⅱ	Ⅱ	Ⅱ		
3	天门市	罗汉闸	Ⅱ	Ⅱ	Ⅱ	荆门—天门市界	
4	潜江市	高石碑	Ⅱ	Ⅱ	Ⅱ		
5		泽口	Ⅱ	Ⅱ	Ⅱ		
6	天门市	岳口	Ⅱ	Ⅱ	Ⅱ		
7	仙桃市	汉南村	Ⅱ	Ⅱ	Ⅱ		

续表

序号	断面 所在地	监测断面	水质类别			交界断面	水质变化
			2016 年	2017 年	2018 年		
8	汉川市	石剅	Ⅱ	Ⅱ	Ⅱ	天门、仙桃— 孝感市界	
9		小河	Ⅱ	Ⅱ	Ⅱ		
10	武汉市	新沟（郭家台）	Ⅱ	Ⅱ	Ⅱ	孝感— 武汉市界	
11		宗关	Ⅱ	Ⅱ	Ⅱ		
12		龙王庙	Ⅱ	Ⅱ	Ⅱ	长江河口	

资料来源：《2017 年湖北省环境质量状况》和《2018 年湖北省环境质量状况》。

3. 长江支流

长江支流总体水质为良好。其中涉及江汉平原的 53 个监测断面，2018 年Ⅰ～Ⅲ类水质断面占 81.2%（Ⅰ类占 5.7%、Ⅱ类占 32.1%、Ⅲ类占 43.4%）、Ⅳ类占 18.8%，无Ⅴ类和劣Ⅴ类水质断面，主要污染指标为 COD、NH_3-N、TP 和高锰酸盐指数。

长江支流总体水质保持稳定。14 个断面水质好转，6 个断面水质下降，52 个断面水质保持稳定。2018 年与 2017 年相比，水质明显好转的断面位于四湖总干渠荆州—潜江段、监利—洪湖段；水质有所好转的断面分布在沮水远安—当阳段、松滋东河、虎渡河（出境）、四湖总干渠潜江—荆州段、通顺河潜江—武汉段、涢水随州段、涢水孝感—武汉段、滠水孝感段、倒水黄冈—武汉段、举水黄冈—武汉段；水质有所下降的断面分布在沮漳河宜昌—荆州段、藕池河（出境）、倒水入江口、浠水入江口、蕲水入江口、大冶湖出湖。2016—2018 年湖北省长江支流水质状况统计详见表 1-7。

表 1-7　　　　　　　　**2016—2018 年湖北省长江支流水质状况统计表**

序号	水系	断面 所在地	监测断面	水质类别			水质变化
				2016 年	2017 年	2018 年	
1	沮水	当阳市	铁路大桥	Ⅳ	Ⅲ	Ⅱ	有所好转
2	沮漳河		两河口（草埠湖）	Ⅱ	Ⅱ	Ⅲ	有所下降
3		荆州市	荆州河口	Ⅳ	Ⅱ	Ⅱ	
4	漳河	当阳市	白石港	Ⅱ	Ⅱ	Ⅰ	
5			育溪大桥	Ⅱ	Ⅱ	Ⅱ	
6	松滋河	松滋市	德胜闸	Ⅲ	Ⅲ	Ⅲ	
7			同兴桥	Ⅲ	Ⅲ	Ⅲ	
8		公安县	杨家垱	Ⅱ	Ⅱ	Ⅱ	
9	松滋东河		淤泥湖	Ⅱ	Ⅲ	Ⅱ	有所好转

序号	水系	断面所在地	监测断面	水质类别			水质变化
				2016 年	2017 年	2018 年	
10	虎渡河	公安县	黄山头	Ⅲ	Ⅲ	Ⅱ	有所好转
11	藕池河		康家岗	Ⅲ	Ⅲ	Ⅲ	
12		石首市	殷家洲	Ⅲ	Ⅱ	Ⅲ	有所下降
13	四湖总干渠	潜江市	丫角桥	Ⅲ	Ⅲ	Ⅲ	
14			运粮湖同心队	劣Ⅴ	劣Ⅴ	Ⅳ	明显好转
15		荆州市	新河村	Ⅴ	Ⅴ	Ⅳ	有所好转
16		洪湖市	瞿家湾	Ⅳ	劣Ⅴ	Ⅳ	明显好转
17			新滩	Ⅳ	Ⅳ	Ⅳ	
18	东荆河	潜江市	谢湾闸	Ⅱ	Ⅱ	Ⅱ	
19			潜江大桥	Ⅱ	Ⅱ	Ⅱ	
20		荆州市	新刘家台	Ⅲ	Ⅲ	Ⅲ	
21		仙桃市	姚嘴王岭村	Ⅳ	Ⅲ	Ⅲ	
22		洪湖市	汉洪大桥	Ⅳ	Ⅲ	Ⅲ	
23	通顺河	仙桃市	郑场游潭村	劣Ⅴ	Ⅳ	Ⅲ	有所好转
24		武汉市	港洲村	Ⅴ	Ⅴ	Ⅳ	有所好转
25			黄陵大桥	Ⅴ	Ⅳ	Ⅳ	
26	陆水	咸宁市	洪下水文站	Ⅱ	Ⅱ	Ⅱ	
27			陆溪口	Ⅲ	Ⅱ	Ⅱ	
28		赤壁市	黄龙渡口	Ⅱ	Ⅱ	Ⅱ	
29	淦水	咸宁市	西河桥	Ⅲ	Ⅳ	Ⅲ	有所好转
30	金水	武汉市	新河口	Ⅲ	Ⅱ	Ⅱ	
31			金水闸	Ⅲ	Ⅲ	Ⅲ	
32	涢水	云梦县	隔卜桥	Ⅳ	Ⅲ	Ⅲ	
33		孝感市	鲢鱼地泵站	Ⅳ	Ⅳ	Ⅳ	
34		武汉市	太平沙	Ⅳ	Ⅳ	Ⅲ	有所好转
35			朱家河口	Ⅴ	Ⅳ	Ⅳ	
36	澴水	孝感市	大悟河口	Ⅲ	Ⅲ	Ⅱ	有所好转
37		武汉市	河口（北门港）	Ⅲ	Ⅲ	Ⅲ	
38			澴口	Ⅲ	Ⅲ	Ⅲ	
39	倒水	武汉市	冯集	Ⅲ	Ⅳ	Ⅲ	有所好转
40			龙口	Ⅲ	Ⅲ	Ⅳ	有所变差
41	举水	武汉市	郭玉	Ⅱ	Ⅲ	Ⅱ	有所好转
42			沐家泾	Ⅲ	Ⅲ	Ⅲ	

序号	水系	断面所在地	监测断面	水质类别			水质变化
				2016年	2017年	2018年	
43	浠水	黄冈市	巴河镇河口	Ⅲ	Ⅲ	Ⅲ	
44			杨树沟	Ⅲ	Ⅲ	Ⅲ	
45			兰溪大桥	Ⅱ	Ⅲ	Ⅳ	有所变差
46	蕲水		西河驿	Ⅲ	Ⅱ	Ⅲ	有所下降
47	高桥河	黄石市	龙潭村	Ⅲ	Ⅱ	Ⅱ	
48		鄂州市	港口桥	Ⅲ	Ⅱ	Ⅱ	
49	长港		樊口	Ⅱ	Ⅲ	Ⅲ	
50	大冶湖入江口	黄石市	大冶湖闸	Ⅲ	Ⅱ	Ⅲ	有所下降
51	富水	阳新县	富水镇	Ⅱ	Ⅱ	Ⅰ	
52			渡口	Ⅱ	Ⅱ	Ⅰ	
53			富池闸	Ⅱ	Ⅱ	Ⅱ	

资料来源：《2017年湖北省环境质量状况》和《2018年湖北省环境质量状况》。

4. 汉江支流

近年来，江汉平原汉江支流水质变好趋势明显。江汉平原涉及的10个监测断面中，2016年Ⅱ类水质断面2个、Ⅲ类水质断面4个、Ⅳ类水质断面1个、劣Ⅴ类水质断面3个；2017年Ⅱ类水质断面3个、Ⅲ类水质断面3个、Ⅳ类水质断面1个、劣Ⅴ类水质断面3个；2018年Ⅱ类水质断面3个、Ⅲ类水质断面3个、Ⅳ类水质断面4个、无劣Ⅴ类水质断面。主要污染指标为NH_3-N、TP和COD。

2018年与2017年相比，水质明显好转的断面位于竹皮河入汉江口、天门河荆门—天门段、天门—孝感段；水质有所好转的断面是汉北河汉川段；水质有所下降的断面主要分布在天门河天门市区段。2016—2018年江汉平原汉江支流水质状况统计详见表1-8。

表1-8　　　　2016—2017年江汉平原汉江支流水质状况统计表

序号	水系	断面所在地	监测断面	水质类别			水质变化
				2016年	2017年	2018年	
1	竹皮河	荆门市	马良龚家湾	劣Ⅴ	劣Ⅴ	Ⅳ	明显好转
2	京山河	京山县	邓李港	Ⅲ	Ⅲ	Ⅲ	
3	天门河	天门市	罗汉寺	Ⅱ	Ⅱ	Ⅱ	
4			拖市	劣Ⅴ	劣Ⅴ	Ⅳ	明显好转
5			杨林	Ⅲ	Ⅲ	Ⅳ	有所下降
6		孝感市	汉川新堰	劣Ⅴ	劣Ⅴ	Ⅳ	明显好转
7	汉北河	孝感市	垌冢桥	Ⅲ	Ⅲ	Ⅲ	
8		汉川市	新沟闸	Ⅳ	Ⅳ	Ⅲ	有所好转

续表

序号	水系	断面所在地	监测断面	水质类别			水质变化
				2016年	2017年	2018年	
9	大富水	孝感市	田店泵站	Ⅲ	Ⅱ	Ⅱ	
10		应城市	应城公路桥	Ⅱ	Ⅱ	Ⅱ	

资料来源:《2017年湖北省环境质量状况》和《2018年湖北省环境质量状况》。

5. 主要湖泊

江汉平原主要湖泊总体水质为轻度污染。17个省控湖泊的21个水域(斧头湖、梁子湖、长湖属于跨市级行政区湖泊,按照行政区将其划分为两个水域;大冶湖因历史原因形成内湖和外湖两个水域)中,水质良好符合Ⅲ类标准的水域占19.1%,水质较差符合Ⅳ类、Ⅴ类标准的水域分别占52.4%、19.0%,水质为劣Ⅴ类的水域占9.5%,主要污染指标为TP、COD和BOD_5。其中,汤逊湖、网湖水质为重度污染。2018年与2017年相比,斧头湖武汉水域水质有所好转,黄盖湖水质明显变差,汤逊湖、斧头湖咸宁水域、后湖、梁子湖武汉水域、大冶内湖、保安湖、汈汊湖、西凉湖、龙感湖水质有变差趋势,其余湖泊水质保持稳定。江汉平原湖泊水质评价和江汉平原富营养化情况评价分别如图1-2和图1-3所示。

21个湖泊水域中,5个水域营养状态级别为中营养,13个水域为轻度富营养,3个水域为中度富营养。2016—2018年江汉平原主要湖泊水质状况详见表1-9。

表1-9　　　　　2016—2018年江汉平原主要湖泊水质状况统计表

序号	湖泊名称	湖泊所在地	水质类别			2018年主要污染指标	营养状态级别	水质变化
			2016年	2017年	2018年			
1	汤逊湖	武汉市江夏区	Ⅴ	Ⅴ	劣Ⅴ	TP、COD、NH_3-N	中度富营养	有所变差
2	斧头湖	武汉市江夏区水域	Ⅲ	Ⅳ	Ⅲ	—	中营养	有所好转
3		咸宁市水域	Ⅲ	Ⅲ	Ⅳ	TP	轻度富营养	有所变差
4	后官湖	武汉市蔡甸区	Ⅳ	Ⅳ	Ⅳ	COD、TP、BOD_5	轻度富营养	
5	涨渡湖	武汉市新洲区	Ⅳ	Ⅴ	Ⅴ	TP、COD、BOD_5、高锰酸盐指数	轻度富营养	
6	后湖	武汉市黄陂区	Ⅳ	Ⅳ	Ⅴ	TP、COD、高锰酸盐指数	中度富营养	有所变差
7	梁子湖	武汉市江夏区水域	Ⅱ	Ⅱ	Ⅲ	—	中营养	有所下降
8		鄂州市水域	Ⅲ	Ⅲ	Ⅲ	—	轻度富营养	
9	大冶湖	内湖	Ⅳ	Ⅳ	Ⅴ	TP、NH_3-N、COD、BOD_5	中度富营养	有所变差
10		外湖	Ⅳ	Ⅳ	Ⅳ	TP、COD	轻度富营养	

序号	湖泊名称	湖泊所在地	水质类别			2018年主要污染指标	营养状态级别	水质变化
			2016年	2017年	2018年			
11	保安湖	大冶市	Ⅳ	Ⅲ	Ⅳ	TP	轻度富营养	有所变差
12	洪湖	洪湖市	Ⅳ	Ⅳ	Ⅳ	TP、COD	轻度富营养	
13	长湖	荆州市水域	Ⅴ	Ⅴ	Ⅴ	TP	轻度富营养	
14		荆门市水域	Ⅳ	Ⅲ	Ⅲ	—	中营养	
15	汈汊湖	汉川市	Ⅲ	Ⅲ	Ⅳ	TP	中营养	有所变差
16	鲁湖	武汉市	Ⅳ	Ⅳ	Ⅳ	TP、COD	轻度富营养	
17	西凉湖	赤壁市	Ⅲ	Ⅲ	Ⅳ	TP	轻度富营养	有所变差
18	网湖	黄石市	Ⅴ	劣Ⅴ	劣Ⅴ	TP	轻度富营养	
19	龙感湖	黄冈市	Ⅲ	Ⅲ	Ⅳ	TP	轻度富营养	有所变差
20	黄盖湖	赤壁市	Ⅱ	Ⅱ	Ⅳ	TP	中营养	明显变差
21	澴东湖	孝感市	Ⅳ	Ⅳ	Ⅳ	TP、COD	轻度富营养	

资料来源：《2017年湖北省环境质量状况》和《2018年湖北省环境质量状况》。

6. 主要城市湖泊

江汉平原主要城市内湖总体水质为中度污染。7个城市内湖中，武汉东湖、黄石磁湖水质为Ⅳ类，武汉东西湖、鄂州洋澜湖、黄冈遗爱湖水质为Ⅴ类，武汉外沙湖、墨水湖水质为劣Ⅴ类；主要污染指标为 TP、COD 和 BOD_5。随州白云湖营养状态级别为中营养，武汉东湖、黄石磁湖为轻度富营养，其余5个湖泊为中度富营养。2017年与2016年相比，东西湖和遗爱湖水质有所好转，墨水湖水质有变差趋势，其余湖泊水质保持稳定。2016—2017年江汉平原城市内湖水质状况见表1-10。

表 1-10　　　　2016—2017年江汉平原城市内湖水质状况统计表

序号	湖泊名称	所在地区	水质类别		2017年主要污染指标	营养状态级别	水质变化
			2016年	2017年			
1	东湖	武汉市	Ⅳ	Ⅳ	COD、TP	轻度富营养	
2	外沙湖	武汉市	劣Ⅴ	劣Ⅴ	TP、COD、高锰酸盐指数	中度富营养	
3	东西湖	武汉市	劣Ⅴ	Ⅴ	TP、COD、BOD_5	中度富营养	有所好转
4	墨水湖	武汉市	Ⅴ	劣Ⅴ	TP、NH_3-N、COD	中度富营养	有所变差
5	磁湖	黄石市	Ⅳ	Ⅳ	TP	轻度富营养	
6	洋澜湖	鄂州市	Ⅴ	Ⅴ	TP、COD	中度富营养	
7	遗爱湖	黄冈市	劣Ⅴ	Ⅴ	TP、BOD_5、NH_3-N	中度富营养	有所好转

资料来源：《2017年湖北省环境质量状况》。

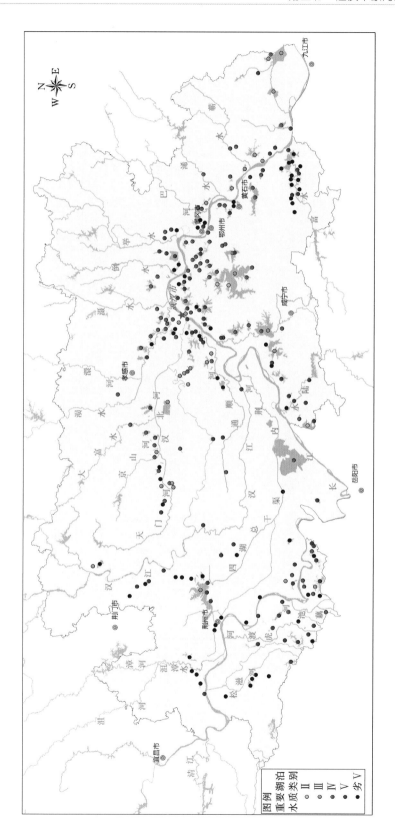

图 1 - 2　江汉平原湖泊水质评价图

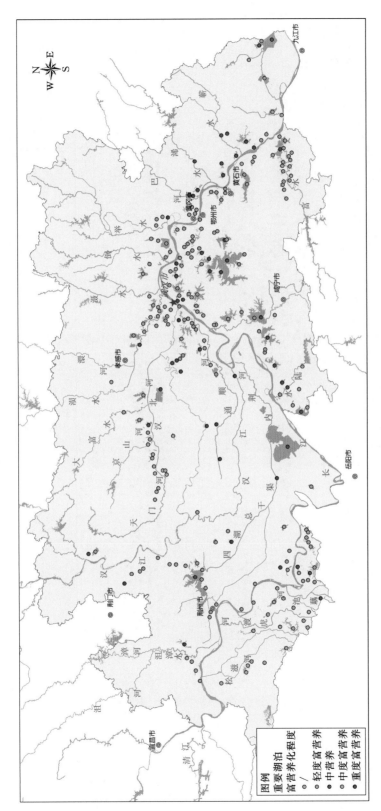

图 1 - 3　江汉平原湖泊富营养化情况评价图

（二）污染物排放现状

江汉平原地势平坦，河渠纵横，湖泊众多，水资源丰富，是湖北省及全国的重要商品粮、棉、油生产基地和畜牧业、水产基地。其水环境污染问题可分为点源污染、面源污染、内源污染和移动源污染等，以点源污染、面源污染和内源污染为主。

1. 点源污染

点源污染是指有固定排放点的污染源（多为工业废水及城市生活污水）由排放口集中汇入江河湖泊等水体。江汉平原工厂林立，点源污染具有数量多、强度大的特点，并且高污染的乡镇企业占了较大比重。大多数废气、废水、废渣在简单处理后便直接排放，不仅污染水体，对土壤和空气造成了严重影响，还影响人类健康。

依据《2018 年湖北省水资源公报》数据，2018 年江汉平原区域内用户废污水排放总量 40.13 亿 t，其中城镇居民生活废污水排放量为 10.14 亿 t，占 25.27％，第二产业废污水排放量（主要是工业废水）为 16.8 亿 t，占 41.86％，第三产业废污水排放量为 13.1 亿 t，占 32.64％。

江汉平原现有主要入河排污口 2540 处，其中污水处理厂排污口 114 处，工业排污口 2426 处（图 1 - 4）。2018 年江汉平原区域内入河废污水量 28.09 亿 t，比上年减少为0.31 亿t。

2. 面源污染

面源污染指溶解的和固体的污染物从非特定的地点，在降雨（或融雪）冲刷作用下，通过径流过程而汇入受纳水体（包括河流、湖泊、水库和海湾等）并引起水体的富营养化或其他形式的污染。如农业生产施用的化肥，经雨水冲刷进入水体而造成污染。江汉平原是国家重点商品粮、棉、油产区，每年使用的化肥和农药数量巨大，畜禽养殖产生的粪便数量也十分巨大，因而农业面源污染较为严重。与点源污染相比，面源污染起源分散、多样，地理边界和发生的位置难以识别和确定，随机性强、成因复杂，且潜伏周期长，因而防治十分困难。面源污染由于涉及范围广、控制难度大，目前已成为影响江汉平原水体环境质量的重要污染源。

3. 内源污染

内源污染主要指进入河湖中的营养物质通过各种物理、化学和生物作用，逐渐沉降至湖泊底质表层。积累在底泥表层的氮、磷营养物质，一方面可被微生物直接摄入，进入食物链，参与水生生态系统的循环；另一方面，可在一定的物理化学及环境条件下，从底泥中释放出来重新进入水中，从而形成湖内污染负荷。江汉平原河湖众多，是我国重要的水产基地，其内源污染主要表现在湖泊的水产养殖。随着科技的进步，水产养殖逐步精细化、规模化，养殖密度不断加大，产量不断增加，相应的投饵投肥量和鱼类粪便产生量也不断增加。这些污染物沉积于河湖底部，造成水体污染和富营养化。近年来，江汉平原湖泊普遍呈现出富营养化状态，与水产养殖有密切的联系。

4. 移动源污染

江汉平原的移动源污染主要是交通运输过程中所排放的污染和大气雾霾干湿沉降污染。如城市交通中，汽车尾气排放出的重金属物质，随降雨（或融雪）后的地面径流，经城市排水系统而进入河流，造成水体污染。此外，还有血吸虫及本地氟、砷和重金属超标导致的水体污染等，多发生于局部地区。

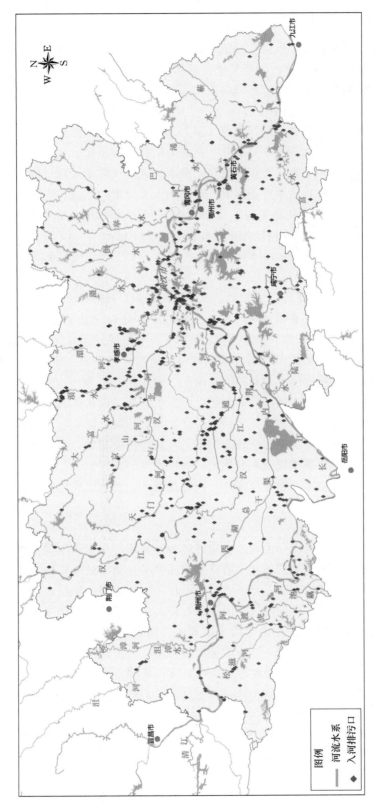

图 1-4　江汉平原入河排污口分布图

二、江汉平原水网水生态系统现状

江汉平原水系发达、河湖众多，水生态环境类型多样，生物资源丰富，自古以来就是我国重要的生态湿地。为充分保护区域内的生态资源，国家、省、市各级有关部门在区域内划定了一批重要的生态保护区，实施严格的生态保护措施，如：提升公民意识和企业规范度、建立健全相关的保护措施、建立健全相关的科研机构等。本节将重点介绍江汉平原水网区重要湿地及水生生物的现状情况。

（一）重要湿地状况

1. 涉水自然保护区

自然保护区，是指对有代表性的自然生态系统、珍稀濒危野生动植物物种的天然集中分布区、有特殊意义的自然遗迹等保护对象所在的陆地、水体或者海域，依法划出一定面积予以特殊保护和管理的区域。江汉平原现有涉水自然保护区15处，主要致力于对白鳍豚、江豚、中华鲟、经济鱼类等水生动物及其自然生态环境、淡水湖泊生态系统和珍稀禽类的保护任务。江汉平原涉水自然保护区名录见表1-11。

表1-11　　　　　　　　　江汉平原涉水自然保护区名录

序号	名　称	所在行政区	河湖	保护对象
1	湖北沉湖湿地省级自然保护区	武汉市蔡甸区	沉湖	湿地生态系统及珍稀水禽
2	武湖湿地自然保护区	武汉市汉南区	武湖	淡水湖泊生态系统及珍稀野生动物
3	何王庙长江江豚自然保护区	监利市	长江	长江江豚、经济鱼类等水生动植物及其自然生境
4	洪湖湿地自然保护区	洪湖市、监利市	洪湖	湿地生态系统
5	湖北洪湖国家级湿地自然保护区	洪湖市、监利市	洪湖	湿地生态系统
6	长江天鹅洲白鳍豚自然保护区	石首市	长江、天鹅洲故道	白鳍豚、江豚及其生境
7	长江新螺段白鳍豚自然保护区	洪湖市、赤壁市、嘉鱼	长江	白鳍豚、江豚、中华鲟及其生境
8	湖北梁子湖省级湿地自然保护区	鄂州市梁子湖区	梁子湖	湿地生态系统及珍稀水禽
9	湖北网湖省级湿地自然保护区	阳新县	网湖	淡水湖泊生态系统及珍稀水禽
10	湖北上涉湖湿地自然保护区	武汉市江夏区	上涉湖	淡水湖泊生态系统
11	湖北上涉湖湿地自然保护区	武汉市江夏区	上涉湖	淡水湖泊生态系统
12	湖北龙感湖国家级自然保护区	黄梅县	龙感湖	湿地生态系统及白头鹤等珍禽
13	涨渡湖湿地自然保护区	武汉市新洲区	涨渡湖	湿地生态系统
14	湖北梁子湖省级湿地自然保护区	鄂州市梁子湖区	梁子湖	湿地生态系统及珍稀水禽
15	草湖湿地自然保护区	武汉市黄陂区	草湖	淡水湖泊生态系统及珍稀禽类

2. 水产种质资源保护区

自 2007 年起，农业部（现农业农村部）根据《中华人民共和国渔业法》等法律法规规定和国务院《中国水生生物资源养护行动纲要》要求，积极推进建立水产种质资源保护区。截至 2019 年 6 月共建立水产种质资源保护区 45 处（表 1-12），其中国家级水产种质资源保护区 40 处，主要保护对象为团头鲂、短颌鲚、白鳍豚、江豚、河斑鳜等。

表 1-12　　　　　　　　江汉平原水产种质资源保护区名录

序号	名　称	所在行政区	所在河流或湖泊	保　护　对　象
1	王母湖团头鲂短颌鲚国家级水产种质资源保护区	孝感市孝南区	王母湖	主要保护对象为团头鲂、短颌鲚
2	汉北河瓦氏黄颡鱼国家级水产种质资源保护区	汉川市	汉北河	主要保护对象为瓦氏黄颡鱼
3	涢水翘嘴鲌国家级水产种质资源保护区	云梦县	府河	主要保护对象为翘嘴鲌，其他保护对象包括黄颡鱼、鳜、乌鳢、鲢、鳙、青鱼、草鱼、鳡、鳊等经济鱼类
4	野猪湖鲌类国家级水产种质资源保护区	孝感市孝南区	野猪湖	保护对象为翘嘴鲌、蒙古鲌、青梢鲌等鲌类
5	府河细鳞鲴国家级水产种质资源保护区	安陆市	府河	主要保护对象为细鳞鲴
6	大富水河斑鳜国家级水产种质资源保护区	应城市	大富水	主要保护对象为河斑鳜
7	汉江钟祥段鳡鳤鯮鱼国家级水产种质资源保护区	钟祥市	汉江	主要保护对象为鳡、鳤、鯮，其他保护物种包括鳜、黄颡鱼、长吻鮠等
8	汉江汉川段国家级水产种质资源保护区	汉川市	汉江	主要保护对象是青鱼、草鱼、鲢、鳙、鳜、瓦氏黄颡鱼、鳜、乌鳢等
9	五湖黄鳝国家级水产种质资源保护区	仙桃市	五湖	主要保护对象为黄鳝
10	杨柴胡沙塘鳢刺鳅国家级水产种质资源保护区	洪湖市	杨柴湖	主要保护对象为沙塘鳢和刺鳅，其他保护对象为鳜、黄颡鱼、翘嘴鲌、乌鳢等经济鱼类
11	汉江潜江段四大家鱼国家级水产种质资源保护区	潜江市	汉江	保护对象为汉江"四大家鱼"（青、草、鲢、鳙）和其他重要水生生物资源
12	南湖黄颡鱼乌鳢国家级水产种质资源保护区	钟祥市	南湖	主要保护对象为黄颡鱼、乌鳢，其他保护对象包括赤眼鳟、翘嘴鲌、达氏鲌、黄鳝、鳜等
13	何王庙长江江豚自然保护区	监利市	长江	长江江豚、经济鱼类等水生动植物及其自然生境

续表

序号	名　　称	所在行政区	所在河流或湖泊	保　护　对　象
14	长湖鲌类国家级水产种质资源保护区	荆州市区东北郊	长湖	主要保护对象为翘嘴鲌、蒙古鲌、青梢鲌、拟尖头鲌、红鳍原鲌等5种鲌类及其生境，其他保护物种包括青、草、鲢、鳙、鳡、鳜、团头鲂、黄颡鱼、刺鳅、龟、鳖、中华绒螯蟹、青虾、河蚌、菱、野菱、莲、茭白等重要经济水生动植物物种
15	长江监利段四大家鱼国家级水产种质资源保护区	监利市	长江	主要保护对象为青鱼、草鱼、鲢、鳙"四大家鱼"，其他保护对象为保护区内的其他水生生物
16	洪湖国家级水产种质资源保护区	洪湖市	洪湖	主要保护对象为黄鳝，其他保护对象包括鳜鱼、黄颡鱼、翘嘴鲌、乌鳢等
17	沮漳河特有鱼类国家级水产种质资源保护区	荆州市	沮漳河	主要保护对象是翘嘴鲌、鳜，其他保护对象包括黄颡鱼、中华沙塘鳢、波氏吻鰕虎鱼等
18	庙湖翘嘴鲌国家级水产种质资源保护区	荆州市	庙湖	主要保护对象为翘嘴鲌，其他保护对象包括草鱼、鲢、鳙、菱、莲等重要经济水生动植物物种及生境
19	红旗湖泥鳅黄颡鱼国家级水产种质资源保护区	洪湖市	红旗湖	保护区主要保护对象为泥鳅和黄颡鱼，同时保护黄鳝、鳜、翘嘴鲌、乌鳢等经济鱼类
20	东港湖黄鳝国家级水产种质资源保护区	监利市	东港湖	保护对象为黄鳝，其他保护对象包括赤眼鳟、红鳍鲌、黄颡鱼、黄尾鲴、鳜等
21	白斧池鳜省级水产种质资源保护区	洪湖市	—	—
22	长江天鹅洲白鳍豚自然保护区	石首市	长江、天鹅洲故道	白鳍豚、江豚及其生境
23	淤泥湖团头鲂国家级水产种质资源保护区	公安县	淤泥湖	主要保护对象为团头鲂，其他保护物种包括鳡、银鱼、鲌、鳜、鳜等
24	上津湖国家级水产种质资源保护区	石首市	上津湖	主要保护对象为乌鳢，同时保护鳡鱼、鳜鱼等名特优产品及湖泊资源与环境
25	崇湖黄颡鱼国家级水产种质资源保护区	公安县	崇湖	主要保护对象为黄颡鱼，其他保护对象包括鲢、鳙、青鱼、草鱼、鳡、黄颡鱼、银鱼、龟、鳖、青虾、河蚌等
26	南海湖短颌鲚国家级水产种质资源保护区	松滋市	南海湖	保护区主要保护对象为短颌鲚
27	牛浪湖鳜国家级水产种质资源保护区	公安县	牛浪湖	保护区主要保护对象为鳜，其他保护对象包括鳡、黄颡鱼和银鱼、龟、鳖、青虾、河蚌等

续表

序号	名 称	所在行政区	所在河流或湖泊	保 护 对 象
28	洈水鳜国家级水产种质资源保护区	松滋市	洈水	保护区主要保护对象为鳜、鲌、菱、莲等重要经济水生动植物物种及其生态环境
29	王家大湖绢丝丽蚌国家级水产种质资源保护区	松滋市	王家大湖	保护区主要保护对象为绢丝丽蚌及其生境
30	中湖翘嘴鲌省级水产种质资源保护区	石首市	中湖	主要保护对象为翘嘴鲌
31	梁子湖武昌鱼国家级水产种质资源保护区	鄂州市梁子湖区	梁子湖	主要保护对象为团头鲂、武昌鱼、湖北圆吻鲴、胭脂鱼、鳡、鳤、光唇蛇鉤、长吻鮠、莼菜、水蕨、扬子狐尾藻、蓝睡莲、水车前等
32	西凉湖鳜鱼黄颡鱼国家级水产种质资源保护区	咸宁市咸安区	西凉湖	主要保护对象为鳜鱼、黄颡鱼、胭脂鱼、鳤、鳡、长吻鮠
33	长江黄石段四大家鱼国家级水产种质资源保护区	黄石市	长江	主要保护对象为青、草、鲢、鳙等重要经济鱼类及其产卵场，以及其他重要水生生物资源及其生境
34	花马湖国家级水产种质资源保护区	鄂州市鄂城区	花马湖	主要保护对象为花鱼骨，其他保护对象包括团头鲂、草鱼、青鱼、翘嘴鲌、鳜、黄鳝、青虾、背瘤丽蚌、三角帆蚌等水生动物，同时保护莲、野菱、黑斑蛙、金线蛙等国家级重点保护水生动植物
35	猪婆湖花鱼骨国家级水产种质资源保护区	阳新县	朱婆湖	主要保护对象为花鱼骨，其他保护对象包括草鱼、鲢、鳙、菱、莲等重要经济水生植物
36	牛山湖团头鲂细鳞鲴省级水产种质资源保护区	武汉市江夏区	牛山湖	主要保护对象为团头鲂、细鳞鲴
37	太白湖国家级水产种质资源保护区	黄冈市	太白湖	主要保护对象为翘嘴鲌、鳤、鳡、鳜、日本沼虾，其他保护对象包括栖息在保护区内的其他国家级或省级重点保护水生生物
38	保安湖鳜鱼国家级水产种质资源保护区	大冶市	保安湖	主要保护对象是鳜鱼，其次是鳊鲅、黄颡鱼、鲌鱼、鲂等及其生态环境
39	鲁湖鳜鲌国家级水产种质资源保护区	武汉市江夏区	鲁湖	主要保护对象为鳜、鲌等名优经济鱼类，经济水生动植物资源与湖泊环境，同时还保护其他国家级或省级重点保护动植物资源
40	赤东湖鳊国家级水产种质资源保护区	蕲春县	赤东湖	主要保护对象为鳊，其他保护物种包括，翘嘴鲌、鲴类、鳤、鳡等多种名优经济水生动物及湖泊资源与环境，同时保护其他国家级或省级重点保护动植物资源

序号	名　　称	所在行政区	所在河流或湖泊	保　护　对　象
41	武湖黄颡鱼国家级水产种质资源保护区	武汉市新洲区	武湖	主要保护对象为黄颡鱼，同时保护鳜、团头鲂、翘嘴鲌、花鰁、鳜、中华鳖等多种名优经济水产种质资源及其生境
42	策湖黄颡鱼乌鳢国家级水产种质资源保护区	浠水县散花镇，蕲春县彭思镇	策湖	主要保护对象为黄颡鱼、乌鳢，同时保护团头鲂、翘嘴鲌、鲶、鲤、鲫等物种及湖泊生态环境
43	王家河鲌类国家级水产种质资源保护区	武汉黄陂区	王家河	保护区主要保护对象为翘嘴鲌、蒙古鲌、拟尖头鲌，其他保护物种包括鳜、鲶等
44	金家湖花鰁国家级水产种质资源保护区	武汉市新洲区	金家湖	主要保护对象为花鰁，其他保护对象包括青鱼、草鱼、鲢、鳙、菱、莲等重要经济水生动植物物种
45	望天湖翘嘴鲌国家级水产种质资源保护区	浠水县巴河镇	望天湖	保护区主要保护对象是翘嘴鲌，其他保护对象包括鳜、黄颡鱼、菱、莲等重要经济水生动植物资源

3．国家级湿地公园

江汉平原湿地涉及河流、湖泊及人工湿地三大类，湿地类型的丰富程度居全国前列。湿地不仅在水电、航运、防洪、供水、灌溉等方面发挥着巨大的作用，还为众多的野生动植物提供了良好的栖息地和生境，是我国候鸟迁徙的主要通道和栖息越冬密集区。

区域内已建设有国家湿地公园 26 个（表 1-13），保护面积 78228.22hm²。湿地公园的建设对江汉平原的湿地保护起到了重要作用，为区域人民提供了丰富的水产品和生态休闲旅游资源。

表 1-13　　　　　　　　　　江汉平原湿地公园统计表

市州	名　　称	县（市、区）	河湖	保护面积/hm²	批　准　时　间
武汉市	武汉杜公湖国家湿地公园	东西湖区	杜公湖	231.26	2014 年 12 月 31 日
	武汉后官湖国家湿地公园	蔡甸区	后官湖	2089.2	2013 年 12 月 31 日
	武汉东湖国家湿地公园	武昌区	东湖	1020	2008 年 11 月 19 日
	武汉安山国家湿地公园	江夏区	枯竹海、枣树湾渔场	1215.26	2013 年 12 月 31 日
	江夏藏龙岛国家湿地公园	江夏区	杨桥湖、上潭湖、下潭湖	311.75	2012 年 12 月 31 日

续表

市州	名　称	县（市、区）	河湖	保护面积/hm²	批　准　时　间
孝感市	孝感朱湖国家湿地公园	孝南区	朱湖	5156	2013年12月31日
	湖北孝感老观湖国家湿地公园	孝感市	老观湖	1244.79	2015年12月31日
	汉川汈汊湖国家湿地公园	汉川市	汈汊湖	2489.56	2014年12月31日
荆州市	公安崇湖国家湿地公园	公安县	崇湖	1475.11	2014年12月31日
	湖北石首三菱湖国家湿地公园	石首市	三菱湖	853.99	2015年12月31日
	松滋洈水国家湿地公园	松滋市	洈水水库	4049.01	2013年12月31日
	环荆州古城国家湿地公园	荆州市	护城河、太湖港河、荆襄河	469.41	2014年12月31日
	湖北荆州菱角湖国家湿地公园	荆州市	菱角湖	1236.28	2015年12月31日
	湖北监利老江河故道国家湿地公园	监利市	老江河	2238.32	2016年12月30日
黄冈市	蕲春赤龙湖国家湿地公园	蕲春县	赤东湖	6667	2009年12月23日
	黄冈市遗爱湖国家湿地公园	城区	遗爱湖	463.86	2011年3月25日
	武山湖国家湿地公园	武穴市	武山湖	2090	2011年12月12日
	浠水策湖国家湿地公园	浠水县	策湖	1141.84	2012年12月31日
	天堂湖国家湿地公园	罗田县	天堂湖	1114.97	2011年12月12日
咸宁市	赤壁陆水湖国家湿地公园	赤壁市	陆水湖	11800	2009年12月23日
	湖北嘉鱼珍湖国家湿地公园	嘉鱼县	珍湖	768.5	2016年12月30日
黄石市	莲花湖国家湿地公园	阳新县	莲花湖	1145.46	2016年12月30日
	大冶保安湖国家湿地公园	大冶市	保安湖	4343.57	2011年3月25日
天门市	湖北天门张家湖国家湿地公园	天门市	张家湖	1084.54	2015年12月31日
潜江市	潜江返湾湖国家湿地公园	潜江市	返湾湖	776.5	2011年12月12日
仙桃市	仙桃沙湖国家湿地公园	沙湖镇	东荆河	1939	2012年12月31日

（二）水生生物

江汉平原水生生物资源极其丰富。中国科学院水生生物研究所、测量与地球物理研究所及华中师范大学等多家单位进行过研究，将江汉平原水生生物资源分为浮游动物、底栖动物、鱼类资源、浮游植物和水生维管束植物5大类。其中浮游动物主要有原生动物、轮虫、枝角类、桡足类4大类195种；底栖动物主要有软体动物、环节动物、节肢动物、线形动物4大类74种；鱼类80多种，以鲤科为主（47种、占总数58.2%）、次为鮠科（6种、占总数7.4%）和鳅科（5种、占6.1%）以及鮨科、鲇科（各有3种、各占3.7%）；浮游植物共有8门50科113属，以水生藻类为主；水生维管束植物约37科127种。

1. 浮游动物

浮游动物是渔业发展最有效的活体饵料生物之一，不仅是鲢鱼、鳙鱼及其他鱼类的重要食料，也是虾、蟹、鳜鱼等名特优水产养殖品的最佳食料来源。2000年，中国科学院水生生物研究所、测量与地球物理研究所调查结果显示，江汉湖区水域中浮游动物含量均很高，其数量为95～11459个/L，平均值为2775个/L。常见种有头节虫、砂壳虫、秀体蚤、龟甲轮虫、多肢轮虫等。原生动物、轮虫、枝角类、桡足类4大类的数量大致各占总数的25%、70%、2%、3%，生物量大致各占总生物量的1%、49%、20%、30%。不同湖泊浮游动物数量、生物量均有一定差别。

2. 底栖动物

江汉平原底栖动物主要有软体动物、环节动物、节肢动物、线形动物4大类74种，其中软体动物中的腹足类22种、瓣鳃类17种，环节动物7种，节肢动物27种，线形游物1种。常见种群有河蚌、螺贝、水蚯蚓、摇蚊幼虫以及甲壳类的中华新米虾、细足米虾、中华小臂虾等。江汉平原湖区主要湖泊底栖动物的种群密度为112～973个/m²，生物量为24.7～641.4g/m²。洪湖湖泊底栖动物种群密度为973.16个/m²，居诸湖之首，其中以腹足类居多（达697.41个/m²，螺类较多）。

3. 鱼类资源

江汉平原淡水鱼类资源丰富，是我国重要的淡水渔业基地。其中江汉平原区系复合体的主要鱼类以青、草、鲢、鳙、鳡、麦穗鱼、鲴属、红鲌属、飘鱼属、鳊属等为主，占江汉平原湖群鱼类总数的60%；南方热带区系复合体的主要鱼类以乌鳢、塘鳢、黄鳝、刺耙、黄颡鱼、刺鳅、青鳉、胡子鲶等为主，占江汉平原湖群鱼类总数的20%；古代第三纪区系复合体的主要鱼类以鲤、鲫、鲶鱼、泥鳅、鳜鱼等为主，占江汉湖群鱼类总数的20%。根据鱼类生活的水域和洄游特征，可将江汉湖群鱼类分为洄游型、半洄游型、湖泊型、江河型四类，其中以半洄游型鱼类和湖泊型鱼类为主。从种类来看，江汉平原湖区有80多种鱼类。其中，以鲤科为主（47种、占总数58.2%）、次为鮠科（6种、占总数7.4%）和鳅科（5种、占总数6.1%）以及鮨科、鲶科（各有3种、各占总数3.7%）。主要经济鱼类有青、草、鲢、鲤、鲂、鳙、鳊、蒙古红鲌、翘嘴红鲌、短尾鲌、乌鳢、桂花鱼、鲶、赤眼鳟、鲶等，以及武昌鱼、长吻鮠鱼、桂花鱼、银鱼等江汉平原特有鱼类。应该注意到，在江汉湖群鱼类中，肉食性凶猛鱼类较多，如红鮨鲌、短尾鲌、青稍红鲌、尖头红鲌、鳡、鳗鲡、鳜、小头鲥等均为肉食性凶猛鱼类。

水生生物物种的生存、繁衍及群落结构的变化与水文情势和生源要素（氮、磷营养盐及重金属、有机物等）的时空分布，生境阻隔、流速、流量变化及鱼类饵料生物基础变化息息相关。汉江中下游干流的水资源梯级开发利用造成了水生生境的片段化，导致流水生境的萎缩，对于需要在流水生境完成生活史的鱼类而言，其繁衍、栖息空间的缩小，将不可避免地导致种群数量的下降；对于需要流水条件繁殖的鱼类而言，产卵场面积的缩小，将影响其繁殖规模；特别是对产漂流性卵的鱼类而言，流水生境的萎缩会导致鱼卵漂流孵化的流程不够，受精卵和仔鱼死亡率升高。

2013—2014年，湖北省水产科学研究所连续2年分6批次对汉江中下游鱼类资源进行现场调查。调查结果显示，从丹江口大坝下至武汉汇入长江口的鱼类种类组成，在汉江中下游江段水域断面点现场调查捕捞的渔获物中采集到鱼类 78 种，隶属 8 目 20 科 63 属，其中鲤科鱼类 47 种，占 60.3％；鳝科 8 种，占 10.3％；鳅科 4 种，占 5.1％；鮨科 3 种，占 3.8％；塘鳢科 2 种，占 2.6％、鳡科、银鱼科、鳗鲡科、平鳍鳅科、鲴科、鲶科、钝头鲍科、鳅科、鲚鱼科、合鳃鱼科、鰕虎鱼科、鳢科、斗鱼科、刺鳅科各 1 种，共占 17.9％。

4. 浮游植物

浮游植物以浮游藻类为主，是湖泊中的初级生产者，是湖泊生物有机体的重要物质来源。江汉平原湖泊水生藻类种类众多，共有 8 门 50 科 113 属。江汉湖群浮游藻类以绿藻门种类最多，蓝藻门、硅藻门次之，但不同湖泊具体结构差别较大。如沔汉湖以硅藻为主，绿藻、蓝藻次之。不仅如此，江汉湖群藻类还有明显的季节变化规律。一般春季硅藻、蓝藻、绿藻因升温而大量繁殖，夏季除蓝藻外其他藻类繁殖速度变慢，秋季（9 月左右）形成又一个繁殖高峰，冬季则繁殖较慢。

2000 年，中国科学院水生生物研究所、测量与地球物理研究所对江汉平原 56 个湖泊水体浮游植物进行调查研究，结果表明：江汉平原 56 个湖泊水体浮游植物生物量变化区间为 $14.6 \times 10^4 \sim 824 \times 10^4$ 个/L。平均值为 214.32×10^4 个/L。有污水流入或施肥的湖泊其量一般为 $585 \sim 7.56 \times 10^4$ 个/L，如武汉市的东湖，年均数量为 $442 \sim 15770$ 个/L。常见种有空球藻、角鼓藻、团球藻、角星鼓藻、微囊藻、颤藻、铜绿微囊藻、角甲藻等。一般春、夏、秋季为浮游植物的高产季节。以洪湖为例，浮游植物有明显的季节变化，全年出现两个高峰季节，春季（3～5 月）以硅藻、绿藻占优势，为主高峰。夏末秋初为次高峰，以蓝藻、硅藻和绿藻为主要成分。

5. 水生维管束植物

由于江汉平原湖泊的自然地理环境和水文特征存在较大差异，水生植物生长的种类、数量、分布规律也各不相同。

江汉平原湖泊水生植被的主要维管束植物约 37 科 127 种，其中主要有 30 余种。主要有黄丝草、聚草、菰、菱、莲、芡实、芦苇、荻、蒲草、马来眼子菜、金鱼藻、菹草等。水深 1m 左右的湖泊长有蒲草和菰等挺水植物。沉水植物中的黄丝草、聚草在湖泊中生长普遍。野菱、睡莲、芡实、水浮莲、凤眼莲等浮叶植物或漂浮植物在许多湖泊均有分布。

主要的植被群落有：①湿生植物带的苔草＋灯心草群落；②挺水植物带的红穗苔草＋荻群落、荻群落、芦苇群落、菰群落、菰＋莲群落、莲群落等；③浮叶植物带的槐叶萍＋满江红群落、紫萍＋浮萍群落、浮萍＋品萍群落、水鳖群落、芡实群落、菱群落等；④沉水植物带的黑藻＋金鱼藻群落、狐尾藻群落、竹叶眼子菜群落、黑藻群落、黄丝藻群落、苦草＋茨藻群落、菹草＋茨藻群落、尖叶眼子菜群落等。

6. 主要水生生物

由于江汉平原水域广阔，水热资源丰富，营养物质多，营养盐类含量高，底泥厚，有利于水生生物生长，因而水生生物资源十分丰富。与水生植物相比，江汉平原的湿地动物更为丰富多彩，包括鱼类、两栖类、爬行类、兽类、鸟类、甲壳类等。25 个省级试点湖泊的主要水生生物（浮游动物、底栖动物、鱼类资源、浮游植物和水生维管束植物）的状况统计见表 1-14。

表 1－14　　　　　　　　省级试点湖泊的水生生物状况统计表

编号	湖名	浮游植物			浮游动物			底栖动物			沉水植物		鱼类	
		种类数	丰度/（亿Ind./L）	优势种	种类数	丰度/（Ind./L）	优势种	种类数	丰度/（Ind./L）	优势种	主要种类	覆盖情况	年产量/kg	优势种
1	梁子湖	29	2.316	小球藻	20	360	萼花臂尾轮虫	16	144	羽摇蚊幼虫、铜锈环棱螺	轮叶黑藻、苦草、狐尾藻等	＋＋	＞500万	多种
2	长湖	25	0.806	微小平裂藻	21	234	萼花臂尾轮虫	1	16	大永红德摇蚊幼虫	马来眼子菜	＋	＞500万	花鲢、草鱼
3	斧头湖	48	5.656	微囊藻	16	120	刺簇多肢轮虫	1	48	大永红德摇蚊幼虫	苦草	＋	＞1000万	花白鲢
4	鲁湖	29	2.836	平裂藻、小球藻	30	2680	对称方壳虫、刺簇多肢轮虫	2	96	雕翅摇蚊幼虫	无	———	100万	鳜鱼、鲢鱼
5	小奓湖	38	2.228	平裂藻	10	118	旋口虫	5	336	直突摇蚊幼虫	无	———	15万	花白鲢
6	内沙湖	27	0.17	小球藻	18	188	似壳轮虫	10	384	环棱螺	黑藻、苦草	＋＋＋	无养殖	鲫鱼
7	大冶湖	33	1.45	平裂藻	19	356	裂足臂尾轮虫、刺簇多肢轮虫	6	368	前囊管水蚓	无	———	500万	花白鲢、鲤鱼
8	网湖	49	3.077	平裂藻	21	316	裂足臂尾轮虫、萼花臂尾轮虫	11	1224	花纹前突摇蚊幼虫	无	———	400万	花白鲢
9	磁湖	39	1.948	平裂藻、微囊藻	15	528	刺簇多肢轮虫	4	544	花纹前突摇蚊幼虫	无	———	无养殖	花白鲢
10	枝江东湖	35	1.498	微囊藻	15	178	段棘刺胞虫	2	96	花纹前突摇蚊幼虫	无	———	5万	花白鲢
11	洪湖	32	2.77	平裂藻	24	932	萼花臂尾轮虫	15	96	霍普水丝蚓、铜锈环棱螺	马来眼子菜、黑藻	＋＋＋	不详	多种
12	三菱湖	48	1.968	平裂藻	17	308	裂足臂尾轮虫	1	16	水丝蚓	无	———	25万	花白鲢
13	玉湖	33	1.872	鱼鳞藻	16	2360	萼花臂尾轮虫	4	224	粗腹摇蚊幼虫	菹草、黑藻	＋	不详	草鱼、鲢鱼、鳙鱼

续表

编号	湖名	浮游植物			浮游动物			底栖动物			沉水植物		鱼类	
		种类数	丰度/（亿 Ind./L）	优势种	种类数	丰度/（Ind./L）	优势种	种类数	丰度/（Ind./L）	优势种	主要种类	覆盖情况	年产量/kg	优势种
14	钟祥南湖	43	2.094	平裂藻	20	1610	刺簇多肢轮虫	3	192	雕翅摇蚊幼虫	无	———	250万	花白鲢
15	洋澜湖	42	2.59	平裂藻	22	170	刺簇多肢轮虫	4	368	花纹前突摇蚊幼虫	无	———	20万	花白鲢
16	汈汊湖	24	0.238	黏球藻颤藻	18	285	似壳轮虫	5	240	雕翅摇蚊幼虫	狐尾藻、金鱼藻、苦草	++	不详	蟹类
17	野猪湖	25	1.628	微囊藻	16	270	刺簇多肢轮虫	3	112	雕翅摇蚊幼虫	无	———	100多万	花白鲢
18	赤东湖	38	1.872	平裂藻	40	1040	对称方壳虫	2	64	腹扁平蛭	无	———	260万	花白鲢
19	策湖	38	2.01	平裂藻、微囊藻	26	1280	裂足臂尾轮虫	7	2368	花纹前突摇蚊幼虫、雕翅摇蚊幼虫	菹草	+	300万	鲤鱼、鳊鱼
20	遗爱湖	51	2.794	平裂藻	28	1020	萼花臂尾轮虫	6	2896	苏氏尾颤蚓	无	———	50万	花白鲢
21	西凉湖	25	0.078	优美平裂藻	11	84	似壳轮虫	0	0	—	金鱼藻	+++	不详	乌鳢、蟹类
22	蜜泉湖	54	3.928	微小平裂藻、团藻	22	1080	臂尾轮虫一种	2	80	腹扁平蛭	无	———	400万	草鱼、鲢鱼、鳙鱼
23	骑尾湖	29	0.476	微囊藻	28	1180	刺簇多肢轮虫	2	80	梨形环棱螺	无	———	不详	无
24	张家大湖	25	2.23	微囊藻	32	1520	刺簇多肢轮虫	4	512	花纹前突摇蚊幼虫	无	———	150万～200万	花鲢
25	马昌湖	20	0.82	小球藻	15	1100	似壳轮虫	3	64	—	大茨藻	++	无养殖	鲤鱼、鲫鱼

注　+++表示沉水植物覆盖度较高；++表示覆盖度中等；+表示有沉水植物，但覆盖度较低；———表示无沉水植物。

第四节　江汉平原河湖水网存在的水生态环境问题

受制于地势低洼、降水和地表径流不稳定、极端气候频发等自然条件，江汉平原水生态环境存在自我调节能力差，易受气候条件影响等天然缺陷。此外，在区域社会经济快速发展的大背景下，江湖阻隔、滩地围垦、不合理工程运行等人类活动也对江汉平原水生态环境造成严重的影响和破坏。综合江汉平原水网自然演变效应和受人类活动影响，可以将当前该区域面临的水生态环境问题概括为以下五个方面。

（一）水系割裂，水体自净能力受限

河湖水系本身水动力条件不足，连通性差，人为阻隔导致的水系割裂问题是江汉平原当前面临的首要水生态环境问题。

就河流而言，受地形条件限制，江汉平原河流大多河底坡降较小，河道内水体流速较缓。特别是中小型河流，其水深较浅、流速缓慢、流向与流态随机性较大、水量交换关系较为紊乱。此外，人为在河道内修建闸、坝、泵站等拦水建筑物，阻隔了河流的连通性，使得河流连通性受阻，水动力条件恶化，严重削弱了河流的自我净化能力。

就湖泊而言，江汉平原大部分湖泊与外江等水系的连通性较差，相对独立，水体流动大多主要依靠潮汐、风等动力，其本身的水动力条件相对较差，加之人为修堤建闸、围湖造田与城镇建设等活动进一步破坏了河湖连通通道，致使该区域水体循环不畅，生态环境承载能力下降，水体自净能力普遍较差。

整体而言，当前江汉平原河湖水网连通受阻一方面导致了河湖水系割裂，水流不畅，碎片化程度日益加剧，整体结构从多元向单一、复杂向简单的退化；另一方面也会干扰区域水网水体中物质、能量和生物的迁移交换过程，进而造成区域水网自净能力弱化、生态环境脆弱等一系列水生态环境问题。

（二）河湖萎缩，水生态空间挤占严重

随着江汉平原地区社会经济的持续发展繁荣，人为原因导致的河湖水系萎缩，水生态空间遭挤占是该区域水生态环境面临的重要问题。社会经济发展，特别是大规模城镇化往往伴随着河湖水域资源向土地资源单向转化，在此过程中，诸如河流"四乱"（乱采、乱占、乱堆、乱建）、填湖造地、围湖开发、河湖滨岸带硬质化改造等都不同程度地侵占了江汉平原河湖水生态空间。近年来，随着江汉平原社会经济的不断发展，特别是城镇化的快速推进，河湖水生态空间不断萎缩，这直接导致了江汉平原河湖水系的自我净化能力不断减弱甚至丧失，最终导致了城市河湖水系的生态环境恶化，制约了城市的健康发展。

（三）水生态环境退化，水生态功能萎缩

江汉平原水网水生态环境退化，水生态功能萎缩是区域河湖水体污染、水系割裂、连通受阻、自净能力弱化、水体萎缩以及水生态空间挤占等一系列问题导致的必然结果。具体而言，随着社会经济发展，大量工业、生活废污水排入江汉平原河湖水系，污水排放量远超出了区域水环境容量，导致水体污染严重。与此同时，由于区域水系的结构退化、连通性下降、水体流动性与自净功能减弱，进一步加剧了区域河湖水质的恶化。江汉平原河湖水系的水质恶化直接导致了水生态动植物种类和数量锐减，生物多样性下降，最终导致了水生态环境退化，生态功能萎缩。此外，不合理的河湖开发利用导致的河湖萎缩和水生态空间挤占，使得江汉平原河湖水系大多出现了由滨水动植物急剧减少甚至灭绝引起的生态系统退化现象。总之，江汉平原整个水生态系统退化，自我修复能力减弱，使得水生态环境退化和功能萎缩成为该区域面临的重要问题。

（四）水生态监测能力不足

水生态健康监测是保护和恢复江汉平原河湖水系生态健康的基础，其监测范围包含了河湖水系的水文、水生物、化学与物理学质量要素，以及滨水植物、动物等内容。随着我国生态文明改革持续深入，生态环境治理向精准治理、科学治污、依法治污转变，江汉平原地区河湖水系生态健康监测面临着诸多问题和挑战。当前江汉平原河湖水系生态环境监测依然停留在传统监测手段，诸如遥感监测、智能化、无人化等新兴监测手段还未形成体系，诸如水生物、浮游生物、底栖大型无脊椎动物等的跟踪监测还未做到应测尽测，从而造成了监测资料缺失，不能支撑水生态系统健康评价，进而影响到了区域水生态的全面监控、治理和恢复。

（五）监管不到位，体制机制不健全

生态环境保护需要社会各方共同参与，但直到今天，江汉平原的许多地区水污染防治和生态环境保护仍是政府主导，企业、社会、民众参与度不高，公众参与机制没有完全建立。同时，生态环境管理存在执法力度不够、部门分工协调不到位、入河污染物总量控制未落实到具体渠道，生态环境改善手段缺乏等问题，与长江经济带发展对水生态环境保护的要求存在一定差距。江汉平原河湖水系发达，水利工程众多，但过去对生态用水重视程度较低，在流域综合规划、水资源综合规划等相关规划中，对河湖生态定位不明确，生态管理目标缺失，河湖水系的生态流量考虑不足。由于大多数水利工程建设年份较早，在生态方面有所欠缺，基本无生态流量泄放设施，河道内生态环境需水量保障程度不高。且生态流量保障多集中在非汛期，水资源紧张，供水收益和无偿的生态流量调度存在矛盾。由于缺乏流域整体利益考虑和对生态流量重要性认识不足，生态流量保障工作开展存在困难，从而导致区域水生态环境保护工作进展较为缓慢。

第二章　河湖水生态空间管控

江汉平原属于我国水资源相对丰富的地区。丰富的地表水、地下水为湖北全省的社会经济发展提供了有益的条件，但是伴随经济的发展，江汉平原河湖水生态空间受损严重。近些年，国家提出《生态文明体制改革总体方案》，结合江汉平原现状，又提出《汉江生态经济带发展规划》，其中提出明确河流、湖泊水生态空间的开发、利用边界，因此，划定江汉平原河湖水生态空间是十分必要的。本章系统介绍了水生态空间概念内涵和水生态空间划分的原则，结合江汉平原河湖水网实际情况，提出了江汉平原河湖水生态空间管控指标和管控措施，并进行了实例解析。

第一节　河湖水生态空间管控概述

一、水生态空间概念内涵

近年来，由于经济发展和城镇化进程的不断加快，人类对自然资源的侵占加剧，导致河湖水生态空间受到严重的损害，对人类生存与发展的可持续性造成严重的威胁。为了保障河湖水生态系统的完整性，明确河湖水生态空间的划定与管控是必要的。生态空间概念的提出综合了地理学与生态学的相关知识，其是指任何生物维持自身生存与繁衍都需要一定的环境条件，一般把处于宏观稳定状态的某物种所需要或占据的环境综合称为生态空间（李平星，2014）。从概念中能够看出，生态空间不仅是指生物栖息所占据的物理空间，还包含其生物功能所涉及的多维空间（郑茜，2018）。水是生命之源、生产之要、生态之基，水生态空间是生态空间在水上的体现，是生态空间的主要组成部分，是生态文明建设的根本基础和重要载体。邓伟等（2004）提出水生态空间是水形成、迁移、转化发生的场所和载体基质；杨晴等（2017）提出水生态空间是指为生态—水文过程提供场所、维持水生态系统健康稳定、保障水安全的各类生态空间；水生态空间是指为生态—水文过程提供场所、维持水生态系统健康稳定、保障水安全的各类生态空间；王思如等（2020）提出水生态空间是指能够为水体的形成、迁移、演化及各类生物的水文—生态过程提供场所和基质，并为人类直接提供水生态产品和服务，维护水体健康发展的必要空间范围，由水域和岸线空间共同耦合而成的完整空间系统，具有自然、生态和社会服务三种属性。

综合国内相关学者的研究，本书的水生态空间是指能为水的形成、迁移、转化以及各类生物的生态—水文过程提供场所和基质，维持水生态系统健康稳定，保障水安全，为人

类提供生态服务或生态产品的各类生态空间。

二、水生态空间管控概念内涵

从字义上讲，管控是指管理与控制，也就是对划定的水生态空间进行管理与控制，以实现水生态空间划分的目标以及水生态空间的管控要求。焦若静等（2014）认为管控的基本要求即以经济、社会、生态等协调发展为目标，从整体利益和长远利益出发，协调各类空间，优化空间格局，建立管控机制，进而控制、引导区域内各类空间资源的开发与建设实施。基于对水生态空间以及管控的理解，杨晴等（2017）提出水生态空间管控是指划定并严守水资源利用上限、水环境质量底线、水生态保护红线，强化水资源水环境和水生态红线指标约束，将与水有关的各类经济社会活动限定在管控范围内，并为水资源开发利用预留空间。对水生态空间实施管控，保障水生态空间的功能，保证水生态服务或生态产品的正常供给。

综合国内相关学者的研究，本书的水生态空间管控是指以保障水资源、保护水环境、修复水生态为目标，将与水有关的各类经济社会活动限定在管控范围内。对水生态空间实施管控，可保障水生态空间的功能，保证水生态服务或生态产品的正常供给。

水生态空间是国土空间的核心构成要素，也是流域综合规划、水生态功能区划的重要组成部分和核心内容，其与环保、农业、林业、交通等部门之间的空间管控相互制约，同时对城镇、农业等其他类型空间又起到重要的支撑和保障作用。合理科学地划定水生态空间，对处理好水与其他自然要素的协同关系具有重要的作用。

第二节　河湖水生态空间划分

水生态空间是生态文明建设的根本基础和重要载体。划定河流和湖泊的水生态空间，对水生态空间保护与监管具有重要作用。水生态空间以其承载的生态系统功能为主体，具有整体性、关联性、动态性、复杂性的特征。一定范围内水生态空间中的生态水量、水质、水生态等要素具有较强的关联性；各要素之间不仅相互影响，受气候、人类活动等其他因素影响也使水生态空间呈现复杂的动态变化。完全从自然条件考虑划分水生态空间，难以体现其对人类经济活动的服务功能。因此，在划分水生态空间范围时，须统筹考虑其自然属性和生态服务功能。水生态空间依据其自然生态特征分为以水体为主的河流、湖泊等水域空间，以水陆交错为主的过渡空间，以及与保护水资源数量和质量相关联的涉水陆域空间。根据《河湖岸线保护与利用规划编制指南（试行）》，临水控制线与外缘控制线分别指的是：临水控制线是根据稳定河势、保障河道行洪安全和维护河流湖泊生态等基本要求，在河流沿岸临水一侧顺水流方向或湖泊沿岸周边临水一侧划定的岸线带区内边界线；外缘控制线是根据河流湖泊岸线管理保护、维护河流功能等管控要求，在河流沿岸陆域一侧或湖泊沿岸周边陆域一侧划定的外边界线。

一、河流港渠水生态空间划分

江汉平原河流港渠水生态空间划分是以水体为核心，对其周边的空间范围进行划定。

其主要包括河流水域空间、过渡空间以及对水生态保护有一定影响的陆域空间。由于河流随季节气候条件而丰枯变化，河流水域空间、过渡空间以及对水生态保护有一定影响的陆域空间的范围也随河流的丰枯而变化。因此，江汉平原自然河流的水域空间、过渡空间与对水生态保护有一定影响的陆域空间存在不断交替变化的过程。河流岸线处于水域与陆域的交接区域，是河流水域与陆域的过渡地带，河流岸线的浅水湿地往往分布较多的水生植物，这里是水生生物产卵栖息和鸟类繁衍的场所，也是体现生物多样性的重要地带，对繁衍物种、维持生态平衡、营造独特的生态环境具有重要作用。因此，为满足水生态空间为经济社会服务的属性要求，江汉平原的河流水域空间可以定义为河道两岸临水控制线所围成的区域，其过渡空间可以定义为河流外缘控制线和临水控制线之间的带状区域，其对水生态保护有一定影响的陆域空间可以定义为以河流外缘控制线向外延伸一定距离的空间。

（一）河流水域空间划分

江汉平原河流水域空间划分主要依据河流的临水控制线，河流临水控制线是指为稳定河势、保障河道行洪安全和维护河流健康生命基本要求，在河岸临水一侧顺水流方向沿岸周边临水一侧划定的管理控制线。在江汉平原水网已划定治导线的河段可采用治导线为临水控制线。在未划定治导线的河段，可根据流域综合规划、防洪规划、主体功能区划、生态功能区划等要求，综合分析确定。对于江汉平原河流，以造床流量或平滩流量对应的水位与陆域的交线或滩槽分界线作为临水边界线。确定河流两岸的临水控制线，其所围成的区域即是河流水生态空间中的水域空间，具体如图2-1所示。

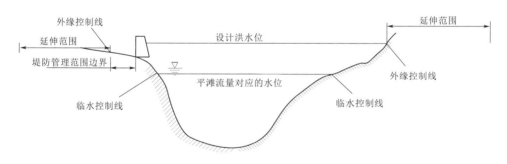

图2-1　河流水域空间与过渡空间划分示意图

（二）河流过渡空间划分

江汉平原河流过渡空间划分主要依据河流的临水控制线和外缘控制线。外缘控制线是指水域岸线资源保护和管理的外缘边界线，一般以河堤防工程背水侧的管理范围外边线作为外缘控制线，对无堤段河流可以以设计洪水位（或历史最高洪水位）与岸边的交界线作为外缘控制线。

在江汉平原，对于已建有防洪堤工程的河段，以堤防工程管理范围边界划定外缘控制线，堤防工程管理范围边界以两岸堤防及堤防背水侧护堤地为边界，其具体划定原则为，根据堤防级别，参考《堤防工程设计规范》（GB 50286—2013）中堤防管理范围边界确定，1级堤防为20～30m，2级、3级堤防为10～20m，4级、5级堤防为5～10m。对于已规划建设防洪及河势控制工程、水资源利用与保护工程、生态环境保护工程的河段，根据工程建设规划要求，在预留工程建设用地范围的基础上，划定外缘控制线；对于无防洪堤工程的河段，按满足河道行洪功能的要求，考虑河流水文情势、水沙条件及河势演变等因素，划定外缘控制线。确定的外缘控制线和已确定的临水控制线之间的带状区域即为河流水生态空间中的过渡空间，具体如图2-1所示。

（三）河流涉水陆域空间划分

江汉平原河流涉水陆域空间主要依据河流的外缘控制线进行划分，其在河流的外缘控制线向外延伸一定距离划定。其中对于在江汉平原已建有防洪堤工程的河段，以堤防工程保护范围边界划定涉水陆域空间边界线，堤防工程保护范围边界线以划定的有堤防河段的外缘控制线为边界，根据堤防级别，参照《堤防工程设计规范》（GB 50286—2013）确定，1级堤防为向外延伸200～300m，2级、3级堤防为向外延伸100～200m，4级、5级堤防为向外延伸50～100m。对于无堤防的河段，结合河流滨水岸线景观建设、岸线绿化、面源污染防控等需要和可能，向陆域延伸一定距离，其延伸长度可以根据河流大小、生态保护重要性等因素，考虑参考有堤防河段的延伸长度。确定的外缘控制线和延伸距离之间的带状区域即为河流水生态空间中的涉水陆域空间。

在河流港渠水生态空间划定过程中，由于近些年江汉平原城镇化率较高，建筑较为密集，因此在划定河流外缘控制线以及延伸范围边界线时，如果存在边界线已深入到主城区，可以考虑以最近的道路作为控制，对河流外缘控制线以及延伸范围边界线进行调整。

二、湖泊水生态空间划分

湖泊水生态空间划分是以水体为核心，对其水体产生影响的空间范围进行划定。其主要包括湖泊水域空间、过渡空间以及对湖泊水生态保护有一定影响的陆域空间。由于江汉平原湖泊水量随着降雨、排水等变化，湖泊水域空间、过渡空间以及涉水陆域空间的范围也在变化。因此，为满足湖泊水生态空间的自然和经济社会属性要求，江汉平原的湖泊水域空间可以定义为湖泊两岸临水控制线所围成的区域，其过渡空间可以定义为河流外缘控制线和临水控制线之间的带状区域，其对水生态保护有一定影响的陆域空间可以定义为以湖泊外缘控制线向外延伸一定距离的空间。

（一）湖泊水域空间划分

湖泊是地表水相对封闭、可蓄水的天然洼地。江汉平原湖泊水域空间主要依据湖泊临水控制线进行划分。湖泊临水控制线根据保障行洪安全和维护湖泊生态环境等基本要求，在湖泊沿岸周边临水一侧划定的岸线内边界线。在江汉平原湖泊，以湖泊设计洪水位作为临水边界线，对没有确定设计洪水位的湖泊，可以采用湖泊历史最高水位作为临水边界线。湖泊周边临水控制线所围成的区域即为湖泊水生态空间的水域空间。例如，《武汉市中心城区湖泊"三线一路"保护规划》中以根据防洪规划要求确定的湖泊最高水位划定了湖泊蓝线。具体如图2-3所示。

（二）湖泊过渡空间划分

湖泊过渡空间的划分主要依据湖泊的临水控制线和外缘控制线。其中外缘控制线是指水域岸线资源保护和管理的外缘边界线，一般以湖泊周边植物消失地作为外缘控制线。湖泊周边临水控制线与外缘控制线所围成的区域即为湖泊水生态空间的过渡空间。例如，《武汉市中心城区湖泊"三线一路"保护规划》中已根据防洪规划等相关要求划定了湖泊绿线，具体如图2-3所示。

（三）湖泊涉水陆域空间划分

江汉平原湖泊涉水陆域空间主要依据湖泊的外缘控制线进行划分，其在湖泊的外缘控制线向外延伸一定距离划定。对于湖泊的延伸距离可以参考有堤防河流的延伸情况，同时考虑由于近些年城镇化发展过程中，对湖泊周边存在一定的工程措施。其延伸需要考虑湖泊周边开发利用情况，将对湖泊保护有重要作用的区域划为湖泊水生态空间的陆域空间范围内，对于规划开展退田还湖还湿或有相关需求的湖泊，应根据退田还湖还湿相关要求，再结合上述原则划定相应的湖泊陆域水生态空间。例如，《武汉市中心城区湖泊"三线一路"保护规划》中规定，原则上滨水灰线按照规划街坊进行控制，灰线一般不宜跨越城市主干道，具体如图2-3所示。

第三节　河湖水生态空间管控指标

江汉平原城市河湖水生态空间的水域空间、水陆交错带、涉水的陆域生态空间，与城镇空间通过水资源供用耗排、降雨径流过程及水生态空间占用修复等产生了紧密的联系。目前江汉平原还存在水资源供需矛盾突出，生产、生活挤占生态用水严重，大多数中小河流和支流水质污染和富营养化，部分江河阻断河湖面积萎缩、水生态系统受损等问题。

需结合《长江流域（片）水资源保护规划（2016—2030年）》《生态保护红线监管指标体系（试行）》等相关规划，立足平原水网地区水资源、水环境、水生态及经济社会发展现状，结合水资源、水环境、水生态保护红线管控的实际需求，构建易于获取、方便使用的水生态空间管控指标体系，为水生态空间保护与合理利用提供技术指导，实现生态文明建设战略目标。水生态空间管控指标见表2-1。

表2-1　　　　　　　　　　　　　　水生态空间管控指标

要　素	目　标	主　要　控　制　指　标
水资源	水资源开发利用控制指标	用水总量
		用水效率
	生态用水保障指标	生态基流
		敏感期生态需水
		湖泊生态水位
		主要控制断面生态流量（水位）满足率

续表

要　素	目　　标	主　要　控　制　指　标
水环境	河湖限制排污总量控制指标	TP 限制排污总量
		COD 限制排污总量
	河湖水环境质量控制指标	水功能区水质达标率
		地表水考核断面水质达标率
		河湖重要控制断面水质达标率
		湖库富营养化程度
水生态	水生态空间格局优化	水生生物种质资源保护区
		重要鱼类"三场"及洄游通道
		保护河段长度或面积
		水文化、水景观保护区范围面积
	水生态系统功能维护	缓冲带宽度
		滨岸带植被覆盖率
		河流纵向连通性状况
		湖泊口门畅通率
		滨岸带人为干扰程度

一、水资源

　　从强化水资源管理角度，江汉平原城市河湖水资源控制指标主要包括水资源开发利用控制指标及生态用水保障指标。

　　水资源开发利用控制指标主要包括用水总量、用水效率（万元工业增加值用水量）等指标。用水总量控制指标根据《实行最严格水资源管理制度考核办法》（国办发〔2013〕2号）中 2030 年各省用水总量控制指标，结合平原河网地区经济社会发展的条件、对水资源开发利用程度的管控要求，充分研究区域用水结构特点、区域水文气象条件综合确定，并与相关区域或流域的大指标进行充分协调。用水效率指标应根据区域水资源公报数据，结合"三条红线"及区域自然资源条件、经济社会发展水平和经济结构、产业结构影响综合确定。2025 年，长江经济带湖北省用水总量控制在 366.91 亿 m^3 以内，万元工业增加值用水量不超过 60m^3/万元（2015 年可比价）；2035 年，长江经济带湖北省用水总量控制在 368.91 亿 m^3 以内，万元工业增加值用水量不超过 55m^3/万元（2015 年可比价）。各河湖流域用水总量控制指标可根据湖北省用水总量控制指标进一步划分。

　　目前江汉平原生态流量保障程度较低，部分河流部分控制断面保障率小于 60%，为维持河湖基本形态、基本自净能力、重要水生生境、保护生物多样性，应设置河流重要控制断面的生态基流、湖泊生态水位、湿地及鱼类产卵等重要保护对象的敏感期生态流量等控制指标；也可从目标考核要求出发，设置主要控制断面生态流量（水位）满足率指标。考虑江汉平原城市重点河湖在区域发展中的重要地位，其控制断面生态流量（水位）满足率应达到 90%。

二、水环境

结合区域水功能区限制纳污红线及水污染防治行动计划要求，水环境控制指标可分为河湖限制排污总量控制指标及河湖水环境质量控制指标两方面。

湖北省 283 个考核水功能区，按全因子［《地表水环境质量标准》（GB 3838—2002）基本项目 24 项］评价，全省达标水功能区 206 个，达标率 72.8%，主要超标因子为 TP 及 COD。根据河湖水环境质量现状及主要超标因子，河湖限制排污总量控制指标包括 TP 限制排污总量、COD 限制排污总量等。水环境质量控制指标可采用水功能区水质达标率、地表水考核断面水质达标率、河湖重要控制断面水质达标率、湖库富营养化程度等作为控制指标，重点考核各控制断面 TP、COD 水质达标率。

三、水生态

为促进江河湖泊休养生息、恢复生机，在河湖生态流量得到保障和水环境质量基本达标的前提下，进一步从水生态空间格局优化和水生态系统功能维护两个方面提出管控指标。

城市河湖水生态空间格局优化的重点是根据涵养水源、保护生物多样性、保障水生态系统完整性和稳定性等要求，合理确定水生态空间功能布局，划定并严守水生态保护区域红线。水生态系统功能维护主要是结合水生态空间存在的问题，参考《湖北省河湖健康评估导则》，提出缓冲带宽度、滨岸带植被覆盖率、河流纵向连通性状况、湖泊口门畅通率、滨岸带人为干扰程度等指标，以指导水生态保护与修复工作的开展。

城市河湖生态红线的划分，应同时考虑保障水安全及保护和维护重要水生生境及生物多样性。从保护和维护重要水生生境及生物多样性角度，可设置水生生物种质资源保护区、重要鱼类"三场"及洄游通道、保护河段长度或面积等控制指标。同时可以根据城市民族文化传承的需要，设置水文化、水景观保护区范围面积指标。

水生态保护区域红线的划定还应充分研究未来城市发展对水资源利用强度的要求，预留必要的水资源利用引导区，考虑未来水利供水工程建设，充分协调好河湖开发和保护的关系。例如，对于重要规划的水资源利用工程涉及的区域，在工程建设前宜作为水资源开发利用引导区进行管理，工程完工后根据有关规定重新复核生态保护红线的类型及范围，并结合实际保护要求，提升红线类型，扩大红线范围，严格红线管控。

第四节　河湖水生态空间管控措施

为加强河湖水生态空间管控，需逐步建立健全水生态空间管控体系，在湖北全省河湖范围全面推行河长制、湖长制，强化水生态空间管控约束，建立健全水资源消耗总量和强度双控、入河湖排污管控；水生态保护红线管控、限制开发区管控；强化部门配合、推进联防联控，搭建管控平台、加快信息互通，形成有利于推进水生态文明建设、维护河湖休养生息的管理环境。如图2-2所示。

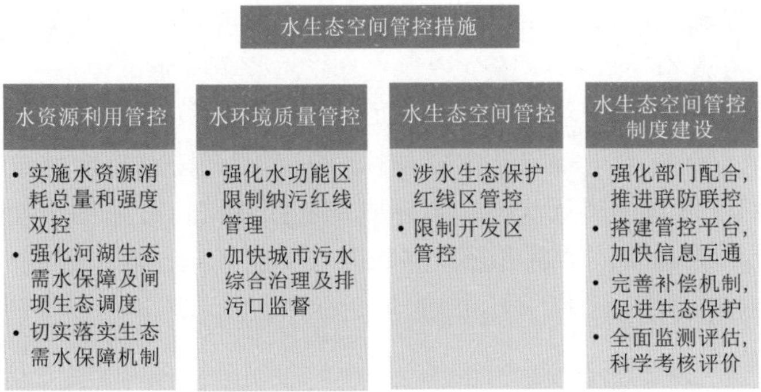

水生态空间管控措施

水资源利用管控	水环境质量管控	水生态空间管控	水生态空间管控制度建设
• 实施水资源消耗总量和强度双控 • 强化河湖生态需水保障及闸坝生态调度 • 切实落实生态需水保障机制	• 强化水功能区限制纳污红线管理 • 加快城市污水综合治理及排污口监督	• 涉水生态保护红线区管控 • 限制开发区管控	• 强化部门配合，推进联防联控 • 搭建管控平台，加快信息互通 • 完善补偿机制，促进生态保护 • 全面监测评估，科学考核评价

图2-2　水生态空间管控措施示意图

一、水资源利用管控

（一）实施水资源消耗总量和强度双控

加快制定河湖流域水量分配方案。严格用水总量指标管理，健全市县行政区域用水总量控制指标体系，把用水总量指标落实到流域和水源。严格重大规划和建设项目水资源论证。规范取水许可审批管理，对取用水总量接近、达到或超过控制指标的地区，限制或暂停审批建设项目新增取水。建立重点监控用水单位名录，健全取用排水的水量水质监控体系。合理调整资源费征收标准和范围，推行居民阶梯水价和非居民用水超定额超计划累进加价制度等。坚持节水优先，把万元GDP用水量、万元工业增加值用水量逐级分解至各市县，全面建设节水型社会。

（二）强化河湖生态需水保障及闸坝生态调度

1. 强化流域水资源统一调度管理

科学确定城市河湖的生态流量（水位），进一步强化流域水资源统一调度管理。流域管理机构或地方各级水行政主管部门应把保障生态流量目标作为硬约束，合理配置水资源，科学制定江河流域水量调度方案和调度计划。对控制断面流量（水量、水位）及其过程影响较大的水库、水电站、闸坝、取水口等，应纳入调度考虑对象。强化水库闸坝生态流量调度和管理，合理安排重要断面下泄水量，维持重要河湖基本生态需水，重点保障枯水期生态基流。开展汉江中下游水库联合调度试点，研究制定鱼类产卵期洪水脉冲过程的调度方案等。有关工程管理单位，应在保障生态流量泄放的前提下，执行有关调度指令。对于因过量取水对河湖生态造成严重影响，导致生态流量未达到目标要求的，流域管理机构或地方水行政主管部门应采取限制取水、加大水量下泄等措施，确保达到生态流量目标。

2. 改善水工程生态流量泄放条件

新建、改建和扩建水工程，应按照水利等相关部门审批文件规定，落实生态流量泄放条件。已建水工程不满足生态流量泄放要求的，应根据条件，经科学论证，改进调度或增设必要的泄放设施。

3.加强河湖生态流量监测

加强主要控制断面生态流量监测，强化水库枢纽、引水式电站等调度运行的常态化监测和管理。流域管理机构及地方各级水行政主管部门应根据河湖生态流量管理需要，按照管理权限，建设生态流量控制断面的监测设施，对河湖生态流量保障情况进行动态监测。水库、水电站、闸坝等水工程管理单位应按国家有关标准，建设完善生态流量监测设施，并按要求接入水行政主管部门有关监控平台。

（三）切实落实生态需水保障机制

制定生态用水保障的规划，严格生态需水保障的规划管理，将生态用水纳入水资源统一配置指标，严格实施用水总量控制，保障生态需水。流域管理机构和地方各级水行政主管部门按照河湖管理权限，提出生态流量管理重点河湖名录，征求有关部门、利益相关单位意见，抓紧研究制定河湖生态流量保障实施方案，明确河湖生态流量目标、责任主体和主要任务、保障措施。

加强水资源统一调度和管理，建立河湖生态流量（水位）预警管理制度。流域管理机构和地方各级水行政主管部门应根据河湖生态流量目标要求，确定河湖生态流量预警等级和预警阈值。针对不同预警等级制定预案，明确水利工程调度、限制河道外取用水和应急生态补水等应对措施。根据生态流量监测情况，及时发布预警信息，按照预案实施动态管理。

采用信息化等手段，加强生态流量保障情况监督检查，对发现的问题进行处置。建立河湖生态流量评估机制，将河湖生态流量保障情况纳入最严格水资源管理制度考核。

建立生态用水评价指标体系，完善生态用水监测体系，构建生态用水技术保障体系。深入开展生态流量确定方法、监管措施、监测预警、风险防控、效果评价等方面的科学研究，健全河湖生态流量确定和保障的技术体系。推动河湖生态流量保障制度建设，推广河湖生态流量保障典型经验做法。

探索建立统筹流域上下游利益的生态补偿机制。通过各部门密切协作，合力推进生态补偿机制建设，按照"谁保护谁受益、谁受益谁补偿"的原则，逐步建立补偿标准体系化、补偿制度动态化、补偿方式多元化、补偿管理规范化的区域水资源保护生态补偿机制。

二、水环境质量管控

（一）强化水功能区限制纳污红线管理

根据《中华人民共和国水法》等有关法律法规规定，需要结合江汉平原城市河湖特点，制定和出台江汉平原城市河湖水功能区管理条例。进一步明确水功能区的管辖范围和管理权限，明确水功能区管理的具体内容和工作程序，完善水功能区监督管理制度，建立水功能区水质达标评价体系；对未划分水功能区的生态水系廊道补充划分。加强水功能区监管，加强水功能区动态监测和科学管理，建立健全水功能区分级分类监管体系，强化入河湖排污总量管理。根据水功能区限制排污总量，制定陆域污染物减排计划。开展城镇内河（湖）水环境治理。大力整治城市黑臭水体，定期向社会公布治理进展和水质改善情况。定期开展安全状况评估。

（二）加快城市污水综合治理及排污口监督

开展现有污水处理厂提标升级，完善城镇雨污分流、清污混流污水管网改造，集中治理产业园区水污染，针对六类产业园区污水集中处理设施开展排查，制定产业园区污水集中处理设施建设计划。对排污量超出水功能区限排总量的地区，限制审批新增取水和入河湖排污口。

根据水功能区划及限制排污要求，优化入河排污口空间布局。对入河排污布局问题突出、威胁饮水安全或水质严重超标区域的排污口实施综合整治。严格控制禁止设置和严格限制设置排污口水域的污染物入河量，严禁直接向江河湖库超标排放工业和生活废污水。

三、水生态空间管控

按照国家生态文明建设的要求，国家发展改革委等九部委联合印发了《关于加强资源环境生态红线管控的指导意见》（发改环资〔2016〕1162号），要求建立生态保护红线管控指标体系，健全生态保护红线管控制度。环境保护部印发了《关于规划环境影响评价加强空间管制、总量管控和环境准入的指导意见（试行）》（环办环评〔2016〕14号），就规划环评加强空间管制、总量管控和环境准入提出明确要求。国土资源部印发了《自然生态空间用途管制办法（试行）》（国土资发〔2017〕33号），要求对生态空间依法实行区域准入和用途转用许可制度。水利部会同国土资源部印发了《水流产权确权试点方案》，要求确定水域、岸线等水生态空间范围、开展水流产权确权试点、加强水域、岸线等水生态空间监管；水利部印发了《退田还湖试点方案》，通过采取恢复水域空间、开展综合整治、改善水力联系等措施，推进退田还湖试点；水利部印发了《水利部关于深入贯彻落实中央加强生态文明建设的决策部署，进一步严格落实生态环境保护要求的通知》（水规计〔2017〕237号），要求将生态优先、绿色发展理念贯穿水利工作全过程，严格落实生态环境保护要求，促进水资源可持续利用，增强水安全保障能力的要求。

（一）涉水生态保护红线区管控

城市河湖生态保护红线管控区内实行负面清单管理制度，根据生态保护红线区主导生态功能维护需求，制定禁止性和限制性开发建设活动清单。

涉水生态保护红线区依据相关法律法规和生态保护红线管控相关办法进行严格管控，严禁任意改变用途，严禁不符合主体功能定位的各类开发活动。生态保护红线划定后，因国家重大基础设施、重大民生保障项目建设等需要调整的，由省级人民政府组织论证，提出调整方案，经环境保护部、国家发展改革委会同有关部门提出审核意见后，报国务院批准。

鼓励开展维护、修复和提升生态功能的活动。对于目前已经存在生态环境问题的红线区域，有针对性地加强水源涵养、水土保持、水生态修复等措施，不断提升和改善区域内的生态健康。

对原核心区和缓冲区内已建、在建的合法水利工程建设，积极协调争取将工程调出自然保护区范围，或将其相关区域调整为一般控制区。对于列入规划的水利建设项目涉及生态保护红线的，应优化工程规划布局，确保符合红线管控要求。对于列入国家规划或政策文件的重大水利工程，或确有需要且不可替代的防洪、供水、灌溉等民生水利工程，纳入正面准入清单。

（二）限制开发区管控

对于城市河湖生态保护红线外的其他涉水生态空间，按照维护适宜水量、良好水质和一定范围水生态空间的要求，提出管控措施，限制开发区域的负面准入清单见表2-2。

表2-2　　　　　　　　　　　限制开发区域的负面准入清单

序号	管控单元	编号	禁　止　事　项
一	河流空间	1	禁止围垦河道
		2	禁止在江河内弃置、堆放阻碍行洪的物体和种植阻碍行洪的林木及高秆作物
		3	禁止在河道管理范围内建设妨碍行洪的建筑物、构筑物，倾倒垃圾、渣土以及从事影响河势稳定、危害河岸堤防安全和其他妨碍河道行洪的活动
		4	禁止在江河最高水位线以下的滩地和岸坡堆放、存贮固体废弃物和其他污染物
		5	禁止在有山体滑坡、崩岸、泥石流等自然灾害的河段从事开山采石、采矿、开荒等危及山体稳定的活动
		6	禁止企业事业单位和其他生产经营者无排污许可证或者违反排污许可证的规定向水体排放废水、污水
		7	禁止向水体排放油类、酸液、碱液或者剧毒废液
		8	禁止在河道内清洗装贮过油类或者有毒污染物的车辆、容器
二	湖泊空间	1	禁止围湖造地
		2	禁止在湖泊内弃置、堆放阻碍行洪的物体和种植阻碍行洪的林木及高秆作物
		3	禁止在湖泊管理范围内建设妨碍行洪的建筑物、构筑物，倾倒垃圾、渣土，从事影响河势稳定、危害河岸堤防安全和其他妨碍河道行洪的活动
		4	禁止在湖泊最高水位线以下的滩地和岸坡堆放、存贮固体废弃物和其他污染物
		5	禁止企业事业单位和其他生产经营者无排污许可证或者违反排污许可证的规定向水体排放废水、污水
		6	禁止向水体排放油类、酸液、碱液或者剧毒废液
		7	禁止在水体清洗装贮过油类或者有毒污染物的车辆和容器
三	岸线空间	1	禁止损毁堤防、护岸、闸坝等水工程建筑物和防汛设施、水文监测和测量设施、河岸地质监测设施以及通信照明等设施
		2	在堤防和护堤地，禁止建房、放牧、开渠、打井、挖窖、葬坟、晒粮、存放物料、开采地下资源、进行考古发掘以及开展集市贸易活动
		3	在堤防安全保护区内，禁止进行打井、钻探、爆破、挖筑鱼塘、采石、取土等危害堤防安全的活动

四、水生态空间管控制度建设

为保障水生态空间和保护红线的管控，在国家有关机制建设要求的基础上，结合地方实际，加快制定有利于提升和保障生态功能的土地、产业、投资等配套政策。因地制宜出台相应的生态保护红线管理地方性法规。同时，积极推动探索建立横向水生态保护补偿机制，进一步促进生态保护。

（一）强化部门配合，推进联防联控

加大前期工作力度，认真梳理国土部门相关涉水的各类规划，严格执行空间规划有关强制性标准和规程规范，确保水生态空间满足区域总体规划要求。加强合作，妥善处理好各部门间水生态空间协调问题，积极配合相关部门空间规划工作，各有关部门也要按照职能分工，建立有效的工作机制，搭建工作平台，加强协作、各司其职、各负其责，制定完善促进水生态空间改革发展的措施和办法，共同推进水生态空间改革发展，确保水生态空间管控内容科学有序实施。

（二）搭建管控平台，加快信息互通

整合各部门现有空间管控信息管理平台，搭建基础数据、目标指标、空间坐标、技术规范统一衔接共享的空间规划信息管理平台，为规划编制提供辅助决策支持，对规划实施进行数字化监测评估，实现各类建设投资项目空间管控部门并联审批核准，提高行政审批效率。

（三）完善补偿机制，促进生态保护

以统筹区域协调发展为主线，以体制创新、政策创新和管理创新为动力，坚持"谁开发谁保护、谁受益谁补偿"的原则，因地制宜选择生态补偿模式，不断完善政府对生态补偿的调控手段，充分发挥市场机制作用，动员全社会积极参与，逐步建立公平公正、积极有效的生态补偿机制，逐步加大补偿力度，努力实现生态补偿的法治化、规范化，发挥水生态空间布局对生态保护的积极作用。

（四）全面监测评估，科学考核评价

建立全面系统的水生态空间布局监测评估体系，探索设定水生态空间布局各项定量指标。创新考核评价方式，将公众参与、专家论证和政府决策相结合对水生态空间布局进行科学考核评价，明确规划实施的考核责任主体，根据规划实施情况定期对责任部门、单位和人员进行考核，保证实施效果。

第五节 河湖水生态空间管控案例

梁子湖湖泊保护空间划定主要依据《湖北省湖泊保护条例》，结合湖泊现状湖岸的自然特点，在服从湖泊防洪安全、维护湖泊健康的前提下，充分考虑湖泊利用与保护的要

求，划定为保护区及控制区，对湖北省湖泊保护空间的划定具有很好的示范性作用。《武汉市中心城区湖泊"三线一路"保护规划》是武汉市在全国首创的湖泊保护新举措，为全市规划和管理及进一步加强湖泊的保护和治理，实现滨江、滨湖特色城市和山水园林城市的建设目标提供了依据，也为全国湖泊保护工作起到了良好的示范作用。本次具体介绍梁子湖湖泊保护空间划定及《武汉市中心城区湖泊"三线一路"保护规划》，为河湖空间管控提供一定的参考。

一、梁子湖湖泊保护空间划定

为了加强湖泊保护，防止湖泊面积减少和水质污染，保障湖泊功能，保护和改善湖泊生态环境，促进经济社会可持续发展，湖北省各县级以上人民政府针对区域内重点保护湖泊编制了湖泊保护规划，依法划定河湖保护的管理范围，设立界桩，向社会公告。本次以梁子湖为例，具体介绍各湖泊保护空间划定方法及湖泊形态保护措施。

梁子湖地处长江中游南岸，位于湖北省东南部，东与黄石市交界，南与咸宁市为邻，西与武汉市接壤，处于武汉、黄石、鄂州、咸宁四市之间，地跨东经 $114°32'\sim114°43'$，北纬 $30°01'\sim30°16'$，素有鄂州市南大门之称。梁子湖流域主要湖泊水系包括梁子湖、鸭儿湖、保安湖及三山湖等，总流域面积为 $3265km^2$，其中梁子湖流域面积为 $2085\ km^2$，鸭儿湖为 $652\ km^2$，保安湖为 $285\ km^2$，三山湖为 $243\ km^2$。

（一）湖泊保护空间划定方法

梁子湖湖泊保护空间划定主要依据《湖北省湖泊保护条例》，结合湖泊现状湖岸的自然特点，在服从湖泊防洪安全、维护湖泊健康的前提下，充分考虑湖泊利用与保护的要求，划分为湖泊保护区和控制区。

（1）湖泊保护区。根据《湖北省湖泊保护条例》中的规定，湖泊保护区一般按照湖泊设计洪水位划定，包括湖堤、湖泊水体、湖盆、湖洲、湖滩、湖心岛屿等，湖泊设计洪水位以外区域对湖泊保护有重要作用的，划为湖泊保护区。城市规划区内的湖泊，湖泊设计洪水位以外不少于 50m 的区域划为湖泊保护区。梁子湖湖泊设计洪水位为 21.36m（吴淞），湖泊保护区岸线长度为 1118.8m，湖泊保护区面积为 $446.9km^2$。

（2）控制区。在湖泊保护区外围根据湖泊保护的需要划定控制区，原则上不少于保护区外围 500m 的范围。即湖泊灰线，该区域内可以进行适当的人类活动和土地开发利用，但必须进行限制，不得对湖区环境产生破坏。

（二）形态保护措施

（1）勘界定桩。根据 1:10000 地形图划定的各湖泊蓝线范围，在地形图上沿蓝线边界，按《湖北省湖泊保护总体规划》中城郊及农村湖泊界桩划定原则，对于外围线为直线段或近似直线段的，在两个端点设置界桩，长度超过 500m 的，每 $300\sim500m$ 增设一个界桩；对于外围线为微弯曲段的，且弯段长度在 300m 以内，在弯段两个端点设置界桩，弯段长度超过 300m 的，每 $100\sim300m$ 增设一个界桩，增设的界桩应置于比较有代表性的弯折处；在易侵占的复杂地段，界桩适当加密。

（2）堤防达标。梁子湖湖堤主要包括广家洲大堤、外塝大堤及二线堤、东井大堤、南洼大堤、北洼大堤。其中广家洲大堤、外壕堤及二线堤按 50 年一遇洪水加高培厚，其余湖堤均按 20 年一遇洪水标准加高培厚，湖堤加固长度共计 16.02m。

（3）湖岸稳固。稳固岸线应优先采用种植（补植）防浪林木，以保持水土、防浪消能，于梁子湖（梁子镇、涂家垴镇镇区）湖岸线建设 5km 长的绿地景观带，种植防浪林木 1600 棵；结合湖泊生态修复工程，对梁子湖梁子镇、涂家垴镇共建设水生植被 2 万 m^2，设置亲水平台 4 处；于梁子湖龙湾风景区岸线建设环湖公路 32km。

二、武汉市中心城区湖泊"三线一路"划定

随着社会经济的发展，湖北省的湖泊数量不断减小，面积不断萎缩，污染日趋严重，生态功能不断退化，开展湖泊保护刻不容缓。结合湖北省出台的《湖北省湖泊保护条例》以及实际规划经验，武汉市水务局、规划局、园林局于 2007 年共同组织，开展了《武汉市中心城区湖泊"三线一路"保护规划》（以下简称《规划》）的编制工作，为 39 个湖泊划定"保护圈"，并通过媒体永久公示。"三线一路"分别为蓝线（水域控制线）、绿线（绿化控制线）、灰线（建筑控制线）、环湖道路。"三线"划定后，蓝线、绿线之内不得任意开发，灰线内的建设要与滨水环境相协调，并且限制环湖无序开发，保护湖泊资源、水环境景观的公共性和共享性。

《规划》是武汉市在全国首创的湖泊保护新举措，为全市规划和管理及进一步加强湖泊的保护和治理，实现滨江、滨湖特色城市和山水园林城市的建设目标提供了依据，也为全国湖泊保护工作起到了良好的示范作用。

（一）规划目标、原则和湖泊功能定位

1. 规划目标、原则

《规划》坚持生态优先、以人为本、凸显特色的原则，重点实现湖泊周边地区规划编制与管理的标准化和规范化，构筑滨水区周边多样化的绿地系统；充分发挥湖泊水资源优势，统筹考虑生态景观、绿化保护和城市建设的要求，进一步加强湖泊蓝线、绿线和建设区域的协调，营造良好的公共滨水空间和滨水生活氛围。

2. 湖泊功能定位

《规划》根据湖泊位置及周边建设情况将湖泊定位为景观公园型湖泊、城市公园型湖泊和生态公园型湖泊。

其中景观公园型湖泊共 16 个，该类型湖泊位于城市建设区内，湖泊周边建设基本形成（环湖建设用地占总用地的 80％左右），湖泊面积小于 40hm²，规划任务主要以环境优化、景观完善为主。

城市公园型湖泊共 16 个，该类型湖泊位于规划的城市建设区内，湖泊周边建设尚未完成（环湖建设用地占总用地的 50％左右），湖泊面积大于 50hm²，规划任务主要以强化控制、景区建设为主。

生态公园型湖泊共 7 个，该类型湖泊位于城市非建成区内，属于城市总体规划确定的生态保护范围，规划任务主要以生态防护、生态隔离为主。

（二）湖泊蓝线、绿线、灰线及环湖路划定的控制要求

1. 湖泊蓝线控制要求

湖泊蓝线是指界定湖泊水域范围，实施湖泊水体生态保护的边界线。已建区范围湖泊，现状岸线为驳岸的，以现状驳岸为控制依据，现状岸线为护坡的，以《规划》最高控制湖水位为控制依据。发展区范围湖泊，在保证主湖面积基本不变的前提下，以规划最高控制湖水位为依据，划定蓝线；周边已有相关规划、周边土地批租的湖泊，根据已有规划和土地批租情况合理调整蓝线。生态控制区范围湖泊，以规划最高控制湖水位为控制依据，尽可能将水域纳入蓝线保护范围，同时兼顾相关规划及周边土地批租情况。

2. 湖泊绿线控制要求

湖泊绿线是指水生态系统与城市陆地生态系统之间的过渡空间，对保护水生态系统的稳定和保证滨水空间的公共性具有重要作用。湖泊绿线的划定是根据不同规划阶段而逐步落实的，在实际操作中以绿实线和绿虚线进行划定控制。其中：绿实线指为近期绿化确保实施的范围线；绿虚线指为远期绿化控制实施的范围线。

3. 湖泊灰线控制要求

湖泊灰线是指为减少人为活动对水体的影响，保护水体环境景观的共享性与异质性而设置的建设控制区的边界线。已建区范围湖泊灰线划定由环湖步行路向外拓展一个街坊；保证隔岸视距（湖泊岸边距离、绿线宽度和灰线宽度之和）至少大于250m；原则上灰线一般不宜跨越城市干道。发展区范围湖泊灰线距离绿线一般控制在 250～500m；保证最小距离蓝线大于150m，最大宽度可适当扩展；滨水灰线按照规划街坊进行控制；灰线一般不宜跨越城市主干道。生态保护区范围湖泊灰线位于城市生态保护区内，根据周边地区规划建设情况，局部地区划定湖泊灰线，加强生态保护类湖泊的控制。

4. 环湖路划定控制要求

已建区湖泊环湖路应构建完整舒适的步行空间，尽量控制独立的环湖步道。控制尽可能多的步行进出通道，衔接外围城市道路。各进出通道间距以 150～500m 为宜，特殊情况下不宜大于800m。

发展区湖泊环湖路应结合湖泊周边城市道路，构建完善的环湖车行系统。对于通过环湖车行路无法直接到达湖区绿线范围内的区域，控制临近湖泊的环湖步行路，以保证湖区的公共性和开敞性。允许湖泊周边城市干道因交通需求穿越湖区，将其中属于环湖路主线的路段纳入环湖路系统进行控制。

生态保护区湖泊环湖路应构建内部相对独立的环湖路车行系统，并依托外部城市道路系统，控制环湖路与外围城市道路衔接的独立出入通道。条件有限时，利用周边城市道路作为环湖路系统的一部分。对于目前尚未有相关详细规划的湖泊，控制环湖路以及内外衔接通道宽度，给出建议线形（虚线，不控制坐标），其具体定位可依据下步湖区详细规划作出调整。根据湖泊蓝线、绿线、灰线及环湖路划定的控制要求，金银湖、汤逊湖三线划分结果如图 2-3～图 2-6 所示。

图 2-3 武汉市中心城区湖泊"三线一路"保护规划
——金银湖"三线"划分结果示意图

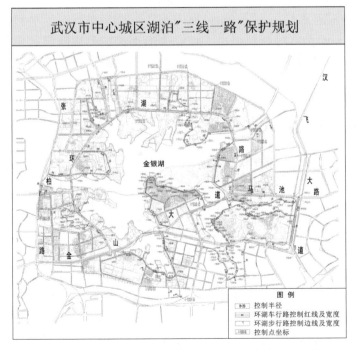

图 2-4 武汉市中心城区湖泊"三线一路"保护规划
——金银湖环湖路控制图

图 2-5　武汉市中心城区湖泊"三线一路"保护规划
——汤逊湖"三线"划分结果示意图

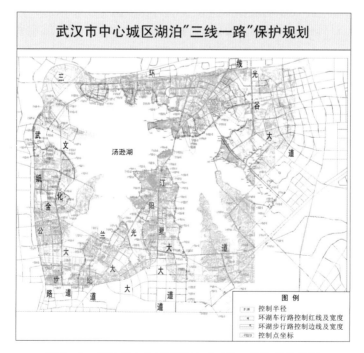

图 2-6　武汉市中心城区湖泊"三线一路"保护规划
——汤逊湖环湖路控制图

（三）湖泊保护指标体系

为有效保护湖泊空间，提高城市湖泊滨水空间的开敞程度，提出湖泊保护的指标体系，主要包括湖泊总体控制指标和湖泊保护分层控制指标两类，湖泊总体控制指标包括环湖开敞空间面积比、环湖开敞空间岸线率；湖泊保护分层控制指标包括环湖绿化控制指标和灰线预控指标两类。

1. 湖泊总体控制指标

湖泊总体控制指标从空间和岸线两方面提出环湖开敞空间面积比，环湖开敞空间岸线率两个控制指标。环湖开敞空间是指湖泊周边除建筑实体以外存在的开敞空间体，主要包括公共绿地、城市广场、单位附属绿地、室外体育场地等，是保护湖泊生态和景观的重要屏障，也是人与社会、自然交流的重要场所。

环湖开敞空间面积比是指环湖开敞空间面积与湖泊水面面积的比值，该指标是反映湖泊生态保护总体量度的重要指标。环湖开敞空间岸线率是指湖泊外围城市车行环湖路上能观看到水面的城市道路长度与外围城市车行环湖路总长度的比值，是反映湖泊开敞度和环湖建设围合度的重要指标。

2. 湖泊保护分层控制指标

湖泊保护分层控制指标在湖泊总体控制指标的基础上进一步细化，提出环湖绿化控制指标。根据环湖绿地面积与湖泊面积的比值及滨湖外围城市车行道能通过环湖公共绿地上看到水面的城市道路长度与外围城市车行道路总长度的比值分为绿化面积比和绿化开敞岸线率两个指标，其中绿化面积比是反映滨湖区绿化程度的一个重要指标，绿化开敞岸线率是反映滨湖公共开敞空间量度及滨湖周边建设围合程度的重要指标。

在环湖绿化控制的基础上，结合城市建设的需要，在灰线范围内对开敞空间做进一步控制，提出灰线预控指标，分别为预控开敞空间面积比和预控开敞岸线率，指标定义与环湖绿化控制指标类似。

（四）湖泊灰线划定和环湖路控制规划

在《武汉市城市总体规划（2010—2020年）》确定的生态总体控制框架基础上，以中心城区39个湖泊和环湖绿化为生态斑块，通过绿化廊道和灰线开敞空间的控制，进一步强化"江—湖""湖—湖""湖—山"景观和视线开敞空间的联系，形成中心城区网络化的景观空间体系。

1. 汉口地区

控制"西北湖—机器荡子—青少年宫—皖子湖"景观开敞轴线；控制"张毕湖—三环绿化带—竹叶海"景观开敞轴线。

2. 武昌地区

控制"长江—内沙湖—沙湖—水果湖—东湖"景观开敞轴线；控制"紫阳湖—蛇山"景观开敞轴线；控制"南湖—野芷湖—汤逊湖"景观开敞轴线。

3. 汉阳地区

控制"月湖—龟山—莲花湖—长江"景观开敞轴线；控制"龙阳湖—墨水湖—北太子湖—南太子湖—三角湖"景观开敞轴线。

规划根据湖泊蓝线划定控制要求和界桩划定原则，共划定 39 个湖泊蓝线，规划湖泊总面积为 131.7km²，岸线长度 554.96km，划定界桩总数 2504 个，具体湖泊蓝线面积详见表 2-3。根据湖泊控制要求，共划定 39 个湖泊绿线，规划湖泊绿线总面积为 100.7km²，具体湖泊绿线面积详见表 2-3。按照湖泊灰线划定控制要求和预控指标控制要求，对中心城区 39 个湖泊的灰线进行划定，规划湖泊灰线总面积为 119.4km²，具体湖泊灰线面积详见表 2-3。规划范围内 39 个湖泊共有 38 个湖泊划定环湖路，划定环湖道路总长 434.11km。其中，环湖步行路控制总长 90.75km，环湖车行路控制总长 343.36km。

表 2-3　　　　　湖泊蓝线、绿线、灰线控制面积及蓝线长度统计表

湖泊位置	序号	湖泊名称	蓝线控制面积/hm²	蓝线控制长度/km	绿线控制面积/hm²	灰线控制面积/hm²
已建区	1	西湖	5	1	4.4	23.3
	2	北湖	9.4	1.3	5.6	
	3	皖子湖	9.4	2	4.69	14.8
	4	后襄河	4.28	1.36	9.87	23.35
	5	菱角湖	9.02	1.62	7.62	12.03
	6	小南湖	3.5	1.4	4.5	17.6
	7	机器荡子	10.4	1.3	3	7.5
	8	塔子湖	31.02	3.55	15.94	31.33
	9	张毕湖	48.3	6.7	76.4	0
	10	竹叶海	18.7	2.2	44.6	3.3
	11	莲花湖	7.6	1.7	9.0	2.2
	12	紫阳湖	14.3	3.5	16.2	20.7
	13	杨春湖	57.6	4.5	24.2	25.9
	14	水果湖	12.3	1.6	1.8	2.7
	15	晒湖	12.2	1.9	2.2	1.3
	16	内沙湖	5.6	1.1	2	28.4
	17	五加湖	12.5	3.5	18.1	13
	18	四美塘	7.7	2.1	8.5	3.1
发展区	19	墨水湖	363.8	23.7	127.6	460.6
	20	月湖	70.8	8.2	60.0	30.6
	21	三角湖	239.1	9.4	164.0	207.3
	22	南太子湖	357.1	14.1	237.9	710.8
	23	北太子湖	52.4	5.0	19.4	95.5
	24	龙阳湖	168.0	14.3	307.7	92.9

续表

湖泊位置	序号	湖泊名称	蓝线控制面积 /hm²	蓝线控制长度 /km	绿线控制面积 /hm²	灰线控制面积 /hm²
发展区	25	南湖	767.4	23	191.9	885.4
	26	青山北湖	191.79	6.9	298.52	61.73
	27	金湖	816.1	57.1	432.9	2294.9
	28	银湖				
	29	沙湖	307.8	9.8	90.1	391.8
	30	黄家湖	811.8	24	380	909
	31	汤逊湖	4762	122.8	1625.9	2750.5
	32	野芷湖	161.5	9.6	166.9	161.3
生态控制区	33	严东湖	911.1	40.7	1382.4	455.2
	34	青菱湖	884.4	35.7	745.3	1097.9
	35	野湖	299.6	13.6	1009.8	89.9
	36	严西湖	1423.07	72.73	1822.33	1000.13
	37	车墩湖	173.5	9.2	228.5	0
	38	竹子湖	66.5	6.7	519.9	15.5
	39	青潭湖	60.2	6.1		
合计			13166.78	554.96	10069.67	11941.47

第三章　河湖污染末端治理技术

随着城市的飞速发展，河湖污染问题日益显著，河湖生态系统的健康逐渐受到了挑战。国际经验表明，解决污染问题，70％靠产业结构调整来加强源头预防，30％靠末端治理来深化污染防治。本章围绕城市河湖末端治理的关键技术，详细介绍了河湖内源治理技术，通过清淤疏浚规模方案、清淤疏浚施工方案和底泥处理处置方案，提出了内源治理兼顾生态修复的适宜技术。重点分析了人工湿地技术，讨论了人工湿地分类及优化选择、工艺设计、填料与植物设计，给出了适用于不同条件的人工湿地设计方法。全面论述了植被缓冲带功能，并提出了相应的植被缓冲带构建策略。最后，剖析了钟祥南湖清淤和大冶湖人工湿地两个典型案例，呈现了相应的技术方法在实际工程案例中的运用和实践。

第一节　河湖生态清淤技术

平原水网地区地势平坦、水力坡降小，水体自净能力天然较差。近些年来，随着社会经济的发展，尤其在城市区大量的建筑、生活污染物排入河湖中，日积月累逐渐在河湖底层形成了黑臭的污染底泥。污染底泥的长期淤积，不仅降低了湖泊的调蓄能力和河道的过流能力，还带来一定的内源污染，影响水生态环境，造成水生态系统退化。因此，通过科学合理的现代清淤手段对污染底泥进行治理具有十分重要的意义。

一、清淤规模方案

生态清淤工程一般工程量较大，投资费用高，特别是对于城区内的河湖，生态清淤工程的实施和底泥的处理难度较大，对工程经济性影响较大，基于此，如何合理地确定河湖清淤的规模，对生态清淤工程来说至关重要。清淤规模主要包括清淤范围与清淤深度两个方面。

（一）清淤范围

清淤范围的确定以工程区底泥调查结果为基础，利用底泥污染物的分类标准对底泥的污染状况进行全面评估，同时从经济可行性以及安全性的角度进一步确定生态清淤范围。

1. 控制指标的选择

选择清淤范围控制指标时，重点考虑底泥污染特征、指标代表性和可操作性、功能性和安全性。首先，反映底泥污染特征、对工程区水质及富营养化有重大影响的指标是决定清淤范围和先后顺序的主要因素。其次，清淤范围控制指标必须能够有效地表达底泥的基本特征信息，同时应有较多的实际调查和监测资料作基础。此外，生态清淤应确保河湖的各种功能不受到伤害，应优先考虑重点功能区域，如污染淤积严重区域、重要城市的供水水源地取水口、重点风景旅游区、现状和规划调水入湖区、对湖泊生态系统影响大的湖区、鱼类繁殖场、水生植物基因库区、污染淤积严重的入湖河口及有特殊需要必须清淤的地区等。

2. 控制指标取值

常用的清淤范围控制指标包括底泥营养盐含量、底泥重金属生态风险指数、底泥厚度以及工程性安全指标等。针对高氮、磷污染底泥，底泥营养盐含量控制值不同湖泊河流取值根据实际有所不同，如太湖底泥生态清淤范围控制值为 TN 含量不低于 1627mg/kg，TP 含量不低于 625mg/kg。针对重金属污染底泥，根据采样点的底泥重金属潜在生态风险指数，结合目标水域是否含有居民饮用水源地，确定底泥的重金属潜在生态风险指数控制值，如太湖底泥重金属生态风险指数不低于 300。底泥厚度控制值一般根据工程区底泥分布特征和清淤工程的施工技术条件确定，如太湖生态清淤底泥厚度建议值不小于 10cm。此外，根据相关的法律法规和管理规定要求，清淤工程与水利工程措施、水源地取水口、养殖区需保持一定的安全距离，如太湖生态清淤的工程性安全指标为：与太湖大堤等水利工程措施及养殖区的安全距离为 200m，与水源地取水口的安全距离为 500m。

3. 清淤范围确定方法

清淤范围的综合确定需要运用清淤控制指标对工程区进行评判，同时结合水质功能区划。在数据数量和质量达到要求的基础上，分别利用空间插值分析确定工程区底泥 TN 含量、TP 含量及重金属生态风险指数大于等于对应指标控制值的范围，并对三个区域进行叠加取并集，扣除底泥厚度小于 10cm 的区域后，根据安全性控制指标去除水利工程设施、取水口以及重要渔业养殖场周围的安全规划保护区域，即得到工程区域污染底泥生态清淤范围。

（二）清淤深度

针对高氮、磷污染底泥生态清淤深度的确定一般采用分层释放速率法。具体步骤：①对各分层底泥中 TN、TP 含量进行测定，了解 TN、TP 含量随底泥深度的垂直变化特征，重点考虑 TN、TP 含量较高的底泥层；②进行氮、磷吸附-解吸试验，了解各分层底泥氮、磷释放风险大小，找出氮、磷吸附-解吸平衡浓度大于上覆水中相应氮、磷浓度的底泥层；③确定 TN、TP 含量高，并且释放氮、磷风险大的底泥层作为清淤层，相应的底泥厚度作为清淤深度。

针对重金属污染底泥生态清淤深度的确定主要采用分层-生态风险指数法。具体步骤：①对污染底泥进行分层；②根据重金属潜在生态风险指数，确定不同层次的底泥释放风险，确定重金属污染底泥所处层次，从而确定重金属污染底泥清淤深度。

针对高氮、磷污染和重金属污染的交叉地带，清淤深度应综合考虑，取二者中深度较深者作为复合污染区的清淤深度。

二、清淤施工方案

我国近年来内陆河道和湖泊清淤工程较多，通过引进和自主研发相结合，清淤技术得到长足的发展，装备能力也有很大提升。对于平原水网区城市河湖，由于沿岸多建有绿化、景观、娱乐设施，且毗邻城市道路等配套设施，居民区、商业区较为密集，跨河桥梁也较多，清淤工作通常受到一些限制。因此，结合区域实际情况选择合适的清淤施工方案对清淤工作的开展具有重要意义。

河湖清淤施工方案设计主要涉及淤泥清挖、淤泥运输两个方面。

（一）淤泥清挖工艺

目前适合城市内河、内湖的清淤技术主要有干塘清淤、水下清淤和环保清淤三种。

1. 干塘清淤

干塘清淤一般用于小流量、不具备防洪或航运等功能的小型河道，是指通过临时围堰的方式将河道截断，在围堰内将水抽干再实施底泥清淤的方法。干塘清淤主要分为干挖清淤和水力冲挖两种工艺，前者常用设备为水陆两栖挖机，后者常用水力冲挖机组。

2. 水下清淤

水下清淤包括两种情况：一种是借助清淤船等大型工具为施工平台，在此平台上安装清淤机械设备进行清淤，如抓斗式清淤船等；另一种是直接将清淤设备没入水中进行作业，如水下清淤机器人。水下清淤设备主要分为抓斗式、泵吸式、绞吸式、斗轮式以及水下清淤机器人等不同类型。

抓斗式清淤是指通过抓斗或挖斗插入并挖取底泥，再通过驳船运输的清淤方式。泵吸式清淤以泵为清淤主体，采用吸入的方式清除底泥，清淤机具一般装配在船或浮体上，一边移动一边清淤。绞吸式清淤主要由绞吸式清淤船完成，是一个挖、运、吹一体化施工的过程，利用装在船前的桥梁前缘绞刀的旋转运动，泥水混合，形成泥浆，通过清淤船上离心泵将泥浆吸入吸泥管输送至堆场中。斗轮式清淤利用装在斗轮式清淤船上的专用斗轮挖掘机开挖水下淤泥，开挖后的淤泥通过挖泥船上的大功率泥泵吸入并输送至指定卸泥区。水下清淤机没有水上平台，机器直接进入水体，与底泥直接接触。水下清淤机器人不需要平台提供浮力，不涉及平台平稳设计，带水作业更安全，但设备隐于水中，需要安装定位及方向装置，才能有效辨别清淤方位。

3. 环保清淤

环保清淤技术的目的是避免清淤工程施工对水体造成二次污染，通过使用精确度较高的设备，科学控制水体浊度，清淤效果较好。环保清淤一般使用旋挖式清淤船、新型多功能挖泥船、生态环保清淤船等种类的设备。

旋挖式清淤船在应用的过程中，可以将河底表层20~40cm内的淤泥层加以搅拌，随后借由污泥泵将淤泥直接输送于污泥水池中，是一种生态效益较好的绞吸船，具有明显的功效、性价比优势，并且其体积较小，在一些中小河道的清淤处理中具有良好的适用性。新型多功能挖泥船在应用中主要是借助于更换环保螺旋绞刀、吸泥头、铲斗等设备来实现绞吸施工、吸泥、水下垃圾的处理等。生态环保清淤船本身的功能较多，可以实现绞吸、反铲、抓斗清淤、水面油污的清理等，这种清淤船本身具有良好的功能效益，在实际的清淤作业中可以进行作业方式的自由切换，实现各种功能的转换，因此其灵活性较好，尤其是在城市内陆河湖的水环境治理中其优势更为突出。

各类清淤工艺特点及实用性对比见表3-1。

表 3-1　　　　　　　　　　各类清淤工艺特点及实用性对比表

施工工艺	代表性设备	清淤效率	清淤效果	工艺特点及适用性
干挖清淤	水陆两栖挖机	一般	一般	底泥运输困难，适宜扩容河道湖泊，且能干塘作业
水力冲挖清淤	水力冲挖机组	一般	较好	适宜易破碎流态底泥，且能干塘作业
抓斗式清淤	抓斗式清淤船	较高	一般	对通航水深有要求，对水体扰动较大，适宜大型河道湖泊
泵吸式清淤	泵吸式清淤船	一般	一般	底泥运输距离有限，适宜小型河道
绞吸式清淤	绞吸式清淤船	一般	较好	底泥运输较为方便，对水质影响较小，适宜性较好
斗轮式清淤	斗轮式清淤船	一般	较好	适宜大型湖泊河道等水体
水下清淤	水下清淤机器人	较低	好	适宜微型河道箱涵等，需要硬质底面以供行走
环保清淤	旋挖式清淤船等	高	好	功能多样化，可以适应不同的工况需求

平原水网地区城市河湖底泥成分复杂，多含有建筑垃圾、树根树叶、塑料袋、生活垃圾等杂质，且底泥与水体相交面具有颗粒细微、漂浮游离、极易扩散等特点，在清淤施工过程中，易对水体造成二次污染，因此一般适宜采用环保清淤工艺，考虑作业区条件、底泥状态、精度要求等多种因素选择合适的清淤机械。

（二）淤泥运输技术

淤泥的运输是河湖清淤疏浚中的重要内容。在清淤疏浚工程中，为保证其清淤的效果，需要从水底挖出底泥，并将其运送至特定的区域内。淤泥运输一般分为管道运输及驳船运输，管道运输又分为地面输泥管运输和水面输泥管运输。

如果底泥的挖除采用的是机械作业方式，其含水量相对较低，因此，可以首先使用船舶，将底泥运送至岸边，随后借助于管道将其运送至堆放区域。如果底泥采用绞吸式挖泥船进行抽吸处理，其含水量较大，在运输中只能采用管道运输的方式，将其运送至堆放区域内。对于堆放场地而言，其堆放地表层尾水还需要进行必要的处理，避免尾水的浑浊，使得其可以排放于自然的河湖中，避免对原有水质的污染。在使用管道进行绞吸底泥的运送时，需要结合绞吸疏浚船的情况，进行排泥管规格等的选择，保证其运输的效率。

底泥运输管道的架设需要充分考虑以下因素：①从安全的角度出发，输浆管线必须保证其平直性，避免发生弯曲等现象。每段浮管的长度均需在300m以下。为保证管道运输的整体效果，可以在管道中加装接力泵船等，保证管道运输的效率。②从接头位置的角度来看，必须保证接头位置的密封性，避免后期出现渗漏等问题。③管线架设尽量避开公路、桥梁等。

平原水网地区城市河湖生态清淤工程通常受地理条件、人口、跨河桥梁、绿化景观等制约，地面输泥管运输较受限制，因此一般可选用水上输泥管运输及泥驳船运输。

三、底泥处理处置方案

底泥的低价快速处理处置技术一直是国内外存在的一个技术难题。底泥的处理一般指脱水干化，而处置一般指最终处置，如填埋、大海投弃，以及资源化利用等。对于生态清淤的底泥，因其含水率较高、易腐败、有恶臭、体量巨大，运输困难，污染成分不明确，如果不得到合理的处理处置不仅会占用大量填埋场等土地资源，还会带来环境的二次污染，同时造成底泥资源的浪费。

（一）底泥处理技术

底泥处理的原则为"减量化、稳定化、无害化和资源化"。根据底泥的性质、类型，按照最终处置的要求，选择不同的处理方式和工艺。根据底泥处理位置的不同，主要分为原位处理和异位处理两大类。

1. 原位处理技术

原位处理技术是指利用物理、化学或生物方法以减少污染底泥总量、减少底泥污染物含量或降低底泥污染物溶解度、毒性或迁移性，并减少底泥污染物释放、改善污染水体活性的底泥治理技术，主要包括原位物理法、原位化学法、原位生物法。

原位物理法是指采用物理方式实现对污染底泥的修复、遮蔽或转移处理，常用原位覆盖技术。此方法由于存在容易造成污染反弹、影响河湖防洪功能、容易受到流速较快水体影响覆盖效果等问题，不具备大规模应用的条件。原位化学处理主要是将化学氧化剂投入受污染底泥，提高氧化还原电位以减少污染物的毒性，该方法现阶段主要还停留在试验阶段。原位生物法是指通过投加外援微生物或激活土著微生物方式，利用微生物的代谢活动降解和减轻底泥污染物的毒性，实现对污染底泥的治理，主要包括直接投加法、吸附投菌法、固定化投菌法、根系附着法、底泥培养返回法、注入法等。

2. 异位处理技术

异位处理技术是指将底泥疏浚至岸边进行预处理及脱水的方法，是目前底泥处理的主流方法。异位处理技术主要包括搅拌固化法、机械脱水法以及物理脱水固结法等。

（1）搅拌固化法。底泥搅拌固化处理是直接在底泥中加入固化剂进行搅拌、改性，并将处理后的底泥进行堆放、存储的方法。底泥直接搅拌固化处理法没有对底泥进行脱水减量，比较适合于处理含水率低的排水干挖底泥。

（2）机械脱水法。对于高含水率的疏浚泥浆，在通过垃圾分选机筛除垃圾杂物后进行沙料分离，并通过沉淀得到浓缩泥浆，浓缩泥浆需要经过脱水处理才能得到可外运利用的泥饼。

（3）物理脱水固结法。常用的物理脱水固结法包括水工管袋脱水法和真空预压固化法两种。

土工管袋脱水法是从底泥自然干化脱水演变过来的方法，是一种简便、经济的底泥脱水方法。利用土工管袋的等效孔径具有的过滤功能，通过添加净水药剂促进泥和水分离，水渗出管袋外，底泥存留在管袋内。

真空预压固化法是通过在处理池中敷设防渗膜、真空管道、沙滤层和土工布等设施，然后对打入处理池中的底泥进行覆膜、抽真空，营造有利于底泥脱水的环境，利用真空压力和底泥自重对底泥进行脱水处理的方法。

几种底泥处理方法优缺点比较见表3-2。

表3-2　　　　　　　　　　几种底泥处理方法优缺点比较表

方法类型	方法名称		优　点	缺　点
原位处理	物理法、化学法、生物法		效率高	对河湖生态负面影响较大、施工难度较大
异位处理	搅拌固化法		造价低、固化效果好、固化产物可以资源化利用	养护场地面积较大、养护时间较长
	机械脱水法		相对环保、泥饼无须养护可直接资源化利用	效率较低、底泥处置场地面积较大
	物理脱水固结法	水工管袋脱水法	施工简便、造价低	工期长、用地面积大、底泥难以资源化利用
		真空预压固结法	施工简便、造价低	工期长、用地面积大

为满足实现平原水网区城市河湖生态清淤要求，宜采用机械脱水法进行底泥异位处理，可以实现分离垃圾、沙料，达到减量化目标，同时对河湖生态环境影响较小。

（二）底泥处置技术

近年来，随着国内对黑臭水体治理要求的提高，清淤量逐年上升，处理后淤泥的处置和资源化已成为推进水域生态建设进程的关键。就目前的技术和研究，淤泥经预处理后可作农业培植土、蓄水陶土、建筑材料等，或经化学调理深度脱水固化稳定化后安全卫生填埋，或作为淤泥堆场围堰、河堤培土加固等实际工程的填土材料等，具有广阔的应用前景。

1. 卫生填埋

淤泥经过简单消化灭菌和自然干化脱水后，有机物含量降低，总体积减少，性能稳定，可以根据淤泥的含水率及力学特性等因素进行专门填埋。淤泥的土地填埋需要大面积的场地和一定的运输费用，须做防渗处理以免污染地下水，不适宜用于城市河湖淤泥处置。

2. 改良为种植土

对于杂质较少、富营养化的泥质，可在固化处理后将其改良制备为种植土。经过改良的土壤有机质含量超过一般土壤，肥力较高，不仅可以提高植物的存活率，还能加速植物生长，降低植物后期养护成本，具有较高的经济效益与生态效益。

3. 土方利用

将处理后的淤泥用作填土或地基材料时，除对它作为土工材料的基本特性进行调查外，还要考察它的流动性和长期稳定性能。通常原生淤泥含水率高、强度低、腐殖质含量大，很难将它直接作为填土材料加以利用。但经过脱水固结处理后的淤泥可达到一般良质土同等程度或以上的品质，可以将其进行再生资源化并作为填土或地基材料加以利用。

4. 建筑材料利用

通过脱水固结处理后的淤泥，高含水率、低强度的土质特性得以有效改善，可作为填方材料代替砂石和土料在填土工程、筑堤或堤防加固工程以及道路工程中进行使用，也可进一步处理变成建材加以高附加值的利用。

（1）处置后的淤泥用于制作陶粒原料。黏土砖目前仍是我国主要的建筑材料之一，旺盛的市场需求导致各地黏土资源大量开采，良田被毁事件频频发生。根据相关研究成果，在淤泥中适当添加某些成分，就能烧制出黏土陶粒产品。经高温焙烧后，淤泥中的重金属将大部分被固熔于陶粒中，不会对环境造成新的污染。

（2）制作路面砖。淤泥呈多孔团状结构，其主要组成部分为一些无机矿物质和在稳定化过程中形成的腐殖质类物质，还有少量的有机单体。固化处理后的淤泥可以直接作为建筑材料制造路面砖，淤泥中所含无机成分的组成符合生产路面砖的要求。一般情况下，淤泥中灰分的成分与黏土成分接近，淤泥可替代黏土作原料。利用淤泥作为建筑材料制造路面砖，因路面砖生产量大，需要的淤泥量多，有利于淤泥的规模化消纳。

5. 制备蓄水陶土

近年来为实现河湖底泥高效无害化、资源化生态安全利用，产生了一种新型底泥处置方法——制备蓄水陶土，为国家环保基础材料科技领域填补了一项重大空白。将淤泥作为主要原料，通过辅料与特殊添加剂的添加，经高温可烧结形成内部连通的多孔状新型无机环保蓄水材料。在生产过程中原材料体系的固体废弃物利用率可达到97%以上，具有良好的社会、经济与生态效益。

蓄水陶土可广泛用于庭园、住宅小区、城市公园、植物园、风景名胜区、公路护坡植被以及盆栽植物的种植，可极大增强土壤的保水、保肥能力。同时，蓄水陶土可以作为海绵城市建设的应用型基础材料，在吸水、蓄水、渗水、净水等环节中发挥其特殊效能。

第二节　河湖人工湿地技术

湿地兼有水陆两种生态系统的基本属性，其生境特殊，物种多样，是地球上最具生产力的生态系统之一。湿地被喻为"地球之肾"，顾名思义，这和湿地对水的调节与净化功能息息相关。从存在形式来看，湿地包括多种类型，如湖泊、河流、沼泽、浅海、滩涂等湿地。从广义上来看，湿地可分为天然湿地和人工湿地两种。

天然湿地以生态系统保护、维护生物多样性和良好生境为主，净化水质是其辅助功能。而人工湿地技术由天然湿地发展而来，是由特定的介质、特定的植物所组成的复杂、独特的生态系统。人工湿地能利用这个复合生态系统的物理、化学和生物综合功能，通过过滤、吸附、沉淀、离子交换、植物吸收和微生物分解等来实现对污水的高效净化。同时，经过科学设计和管理的人工湿地，可舒缓地区绿色空间不足、生态环境恶化的压力，实现良好的生态效果，为当地带来较高的生态效益、经济效益和社会效益。

而湿地设计的最高目标则是使生物与环境、生物与生物、人文与环境、社会与资源之间协调发展。

一、人工湿地分类及优化选择

根据污水在湿地中流动方式的差异，可将人工湿地分为表面流湿地、水平潜流湿地、垂直流湿地三大基本类型。复合型湿地通常由上述三种基本类型结合而成。在类型选择上，可以综合考虑技术指标、环境状况、经济效益等因素，再进行优化决策。

1. 表面流人工湿地

表面流人工湿地通常是利用地形洼地改造而成，也可用池塘或沟渠等构造而成，其底部有黏土层或者其他防渗材料构成的不透水层，或者常用一些不同种类的水下屏障来防止渗漏和预防有害物质对地下水造成的潜在危害。污水在基质层表面上，以较缓慢的流速和较浅的水深呈水平推流式前进，流至末端后出流，完成整个净化过程（图 3-1）。

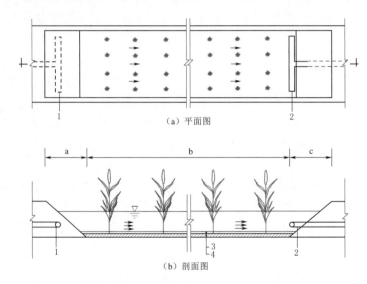

（a）平面图

（b）剖面图

图 3-1　表面流人工湿地示意图

1—配水管；2—出水管；3—覆盖层；4—防渗层；

a—进水区；b—处理区；c—出水区

选择条件：在有足够可利用面积、投资及运行费用较低、对氨氮去除无显著要求时，且处理水中悬浮物较多情况下可选择。注意采取控制蚊蝇和漂浮物积存的措施。

2. 水平潜流人工湿地

水平潜流人工湿地通常在挖掘的池塘或陆地上建造的池中填以多孔介质，并以此作为挺水植物的立地基础。污水从布水沟进入池体，在基质层表面以下区域通过水平渗滤前进，从末端出水沟流出（图 3-2）。

选择条件：对占地面积、处理能力、投资等有综合要求时，可选择。实际应用时应适当关注进水中的悬浮物浓度。

3. 垂直流人工湿地

垂直流人工湿地实质上是水平潜流湿地与渗滤型土地处理系统相结合的一种湿地类

型。污水垂直通过池体中基质层，经过渗滤后汇入集水管或集水沟出流。此类湿地可延长污水在土壤中的水力停留时间，从而提高出水水质（图3-3）。

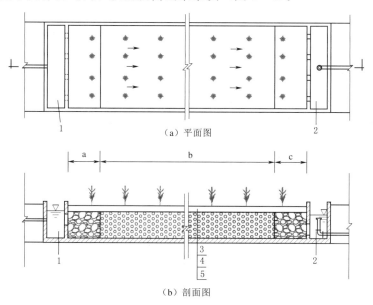

（a）平面图

（b）剖面图

图3-2 水平潜流人工湿地示意图

1—配水渠；2—出水渠；3—覆盖层；4—填料层；5—防渗层；

a—进水区；b—处理区；c—出水区

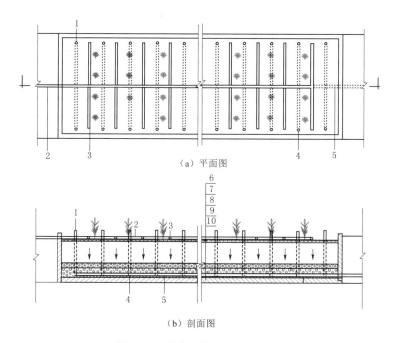

（a）平面图

（b）剖面图

图3-3 垂直流人工湿地示意图

1—通气管；2—配水干管；3—配水支管；4—集水干管；5—集水干管；

6—覆盖层（可选）；7—填料层；8—过渡层；9—排水层；10—防渗层

选择条件：对占地面积有明显限制时、对脱氮除磷有较高要求、投资较充足时，可选择。实际运用时应控制进水中的悬浮物浓度。

4. 复合型人工湿地

在实际应用中，单一类型的人工湿地由于水质、水量以及设计等问题，对污水的去除效果可能有所降低，而通过串联不同类型的人工湿地单元，结合各个类型的优点，构建复合型人工湿地，更容易发挥各自处理优势，提高净化效果。

选择条件：对出水水质、景观效果、当地地形合理利用等有特性化需求时，可选择。应用时可根据各类人工湿地处理单元的特性进行复合或组合。

二、人工湿地工艺设计

人工湿地工艺的选择应根据污水水质水量、处理标准、生态环境特点、景观要求、建设投资和运行成本等条件确定。

1. 工艺设计内容

人工湿地工艺设计应包括表面积、水力停留时间、深度、形状和尺寸、进出水系统、填料布设、植物配置等内容。人工湿地表面积设计可按 BOD_5、NH_3-N、TN 和 TP 等主要污染物的面积负荷和水力表面负荷进行计算，并应取其计算结果中的最大值，同时应满足水力停留时间要求。

在人工湿地中，SS、BOD_5、COD 的去除一般在湿地的前半部分就能较快去除，而 N、P 的去除规律较复杂，与湿地结构形成的不同溶解氧区密切相关。一般来说，要使出水中的 N、P 达标，其所需的湿地面积往往是使 BOD_5 达标的面积的 2 倍。

水力负荷与工艺选择、水质情况等因素有关，我国早期建设的人工湿地水力负荷普遍偏低，通常小于 $0.1 m^3/(m^2 \cdot d)$，目前国内采用的人工湿地水力负荷较高，垂直潜流湿地一般不高于 $0.8 m^3/(m^2 \cdot d)$，水平潜流湿地控制在不高于 $0.5 m^3/(m^2 \cdot d)$，表面流湿地一般不高于 $0.2 m^3/(m^2 \cdot d)$。

水力停留时间与地区气温有显著关系，随着不同地区的年平均气温的升高，水力停留时间可以逐渐降低。依据平原水网区近些年气候情况，建议的水力停留时间，垂直潜流和水平潜流湿地一般不低于 1d，表面流不低于 3d。水力停留时间越长，湿地对污水的净化效果会越好，但会使湿地占地面积增加，工程投资相应提升，应根据处理需求来选择合适的停留时间。

常用参数可参考下列公式进行计算。

（1）污染物面积负荷。

$$N_A = Q \times (S_0 - S_1)/A$$

式中　N_A——污染物面积负荷，$g/(m^2 \cdot d)$，主要为 BOD_5、NH_3-N、TN、TP 等；

　　　Q——人工湿地污水处理设计流量，m^3/d；

　　　S_0——进水污染物浓度，g/m^3；

　　　S_1——出水污染物浓度，g/m^3；

　　　A——人工湿地的表面积，m^2。

（2）水力表面负荷。

$$q = Q/A$$

式中　q——水力表面负荷，$\mathrm{m^3/（m^2 \cdot d）}$。

（3）水力停留时间。

$$T = V \times n/Q$$

式中　T——水力停留时间，d；

　　　V——人工湿地有效容积，$\mathrm{m^3}$；

　　　n——潜力人工湿地填料孔隙率，%，表面流人工湿地时 $n=1$。

2. 工艺要求

人工湿地的总深度应为水深或填料高度加超高，由湿地地形、污水水质、植物栽种要求三个因素主导。其中，尤其是现状地形的合理利用能够很好地满足湿地运行的基本需求、降低建设成本、增加生态和景观效应。通常情况，表面流人工湿地水深宜为 0.3～0.6m，超高应大于风浪爬高，且宜大于 0.5m；潜流人工湿地的超高宜取 0.3m。

人工湿地处理系统的建设场地自然坡度宜小于 2%。表面流与垂直流底面坡度、水力坡度宜小于 0.5%，水平潜流人工湿地的底面坡度、水力坡度宜为 0.5%～1%。底坡不一定等于床体中的水面坡度，但设计中应尽量考虑使水面坡度和底坡基本一致。

人工湿地处理单元建议长宽比一般为：表面流人工湿地大于 3：1；水平潜流人工湿地宜为 3：1～3：1；垂直潜流人工湿地宜为 1：1～3：1。过长易形成湿地床中的死区，易增加植物浸没深度的不均匀性，而且使水位的调节变得困难不利于植物的栽培。表面流人工湿地的单元面积宜小于 3000m²，水平潜力人工湿地的单元面积宜小于 800m²，垂直潜流人工湿地的单元面积宜小于 1500m²，多个处理单元并联时，其单元面积应平均分配。处理城镇或农村污水且处理量大于 100m³/d，处理城镇污水处理厂出水或受有机物污染地表水且处理量大于 300m³/d 时，湿地并联处理单元不宜少于两个。

三、人工湿地填料与植物设计

人工湿地系统作为一种新型生态污水净化处理方法，其基本原理是在人工湿地填料上种植特定的湿地植物，从而构建一个稳定、可持续的人工湿地生态系统。当污水经过湿地系统时，其中的污染物和营养物质被系统吸收或分解，使水质得以净化。人工湿地系统水质净化的关键在于工艺的设计、填料和植物的选择及配置。平原水网区气候温润，水生植物能够全年生长，合理搭配人工湿地的水生植物，可以较好地净化入河入湖水质，使河湖水体及水生态得到明显修复。

（一）填料的作用与选择

人工湿地中的填料又称基质，可由土壤、细砂、粗砂、砾石、碎瓦片、灰渣、碎石、沸石、页岩陶粒、火山岩滤料、石灰石、高炉矿渣、石英砂、无烟煤、钢渣、蛭石等进行选择后组合而成。填料不仅具有沉淀、过滤和吸附等水处理功能，还能为植物和微生物提供生长载体。不同人工湿地填料对水质的处理效果不同，组合填料相比于单一填料，污染物去除效果更好，也更相对稳定。因此，选出合适的填料组合，对于提升污水处理效果至关重要。

对单种填料的污染物去除率比较而言，COD 的去除上，活性炭比砂石效果更好；磷的去除上，牡蛎壳效果较好；氮的去除上，吸附效果顺序依次为：沸石＞红泥＞炉渣＞砂。

为使处理效果更好，填料需要具有尽可能大的表面积。一般地，填料的总表面积与其粒径成反比，但如果填料的粒径过小，将会容易造成人工湿地床体的堵塞。人工湿地填料作为床体的支持骨架，应具备一定的机械强度，可有效避免床体压实堵塞。人工湿地填料需具有较好的化学稳定性，应避免缓释有毒有害物质。为降低运输成本，人工湿地填料应尽可能就地取材。

常选用的人工湿地填料种类和特性见表3-3。

表3-3 常选用的人工湿地填料种类和特性表

序号	种类	特性
1	砾石	人工湿地最常用的填料，吸附容量不高，氮磷去除能力一般
2	沸石	内部充满细微的孔穴和通道，具有很好的吸附性，广泛用作吸附剂，氨氮吸附能力强，但泡水后容易压实和堵塞
3	钢渣	吸附容量大，磷吸附能力强，但会提高出水碱度，必须充分考虑植物耐受性，控制钢渣在填料中的比例
4	石灰石	具有较强的除磷能力，但会提高出水碱度，必须充分考虑植物耐受性，控制石灰石在填料中的比例
5	高炉矿渣	分酸性矿渣和碱性矿渣。碱性矿渣孔隙率大，有利于有机物去除，但会提高出水碱度，必须充分考虑植物耐受性，控制矿渣在填料中的比例
6	碎石	人工开采的石料经粉碎而成，来源丰富，价格较低，含硅酸盐较多，有利于磷的吸附
7	粗砂	粒径为 $0.5\sim1mm$ 的天然粒料，吸附能力一般
8	石英砂	表面积较大，吸附能力较好

合理设计和控制填料层渗透系数是关系人工湿地处理效能、处理水量、出水水质及保障人工湿地长效运行缓减堵塞的重要问题。填料的渗透系数（K_y）清水试验测定值应介于 $10^{-2}\sim10^{-1}m/s$。在人工湿地运行过程中，由于悬浮污染物的截留和生物膜的滋生，填料的透水系数会不断下降，因此，在实际设计时通常取清洁水试验取得的填料渗透系数的10%作为设计标准。建议在有条件的情况下对所选填料的渗透系数进行实测。

人工湿地的水力性能与填料粒径有密切关系，提升填料有效粒径的比例有利于人工湿地内部的流态分布，对人工湿地堵塞情况有一定的缓解作用。

（二）植物在人工湿地系统中的作用

1. 去除氮、磷等营养物质

植物可以吸收污水中的无机磷、氮等多种营养性物质，并使其良好生长。在正常情况下，污水所含有的氨、氮是植物生长不可或缺的物质，能被吸收并合成植物蛋白和有机氮，再通过植物的收割从废水中有效清除，而污水中其他的氮物质会通过湿地降解微生物，使氮不会过多残留；在植物吸收以及同化作用下，污水中的无机磷可以转变为植物ATP、DNA等有机成分，然后通过植物收割从系统中有效去除。

2. 去除悬浮物

较大粒径的悬浮固体会被大型挺水植物的茎叶和根部过滤掉，而小粒径的悬浮固体则会附着在周丛生物（附着在水生植物体表或水底各种机制表面上的微型生物群落）或湿地基质的生物膜上。大型水生植物在风力作用下，其茎叶会打开细孔，在渗透污水的同时过滤悬浮固体，进而减轻堵塞问题。

3. 输氧作用

湿地植物可将大气氧传输至根部，使根在厌氧环境中生长。这种输氧作用能让根毛周边生成好氧区域，而好氧生物膜对氧利用使得离根毛较远区域表现为缺氧，再远就会完全缺氧。如此使得根区有氧与缺氧区域一并存在，进而为根区好氧以及厌氧微生物提供相应的生存的微生境，让不同微生物良好生存，相辅相成。

4. 分泌有机物

细根能够快速分解并向土壤中提供有机碳，该种物质能够为微生物的生长提供必要的营养，植物的存在可以使湿地中的硝化菌、反硝化菌等微生物数量增多。而这些微生物是人工湿地中分解有机物的主要参与者和执行者，把有机物充作其主要的能源，转变成必要的营养物质和能量。

5. 保温与遮光

在平原水网区冬季时段，植物对人工湿地的保温作用非常明显。一般在春天霜重或深秋时收割植物，收割后的湿地植物覆盖在湿地表面对其填料基质起到了保温效果。这样可以保证人工湿地全年时间对污染物去除效果和运行的稳定性。

6. 增加美学价值

随着人工湿地系统在世界范围内的应用愈来愈广，湿地植物的巧妙搭配已成为湿地设计中的重要环节。重估湿地的美学价值，探讨湿地景观营造与湿地公园的设计原则，提升湿地旅游的文化品格与审美层次，从爱、尊重、需要等多重维度去保护湿地、珍惜湿地，重建人与湿地的和谐关系是对湿地美学价值的最大认同。

（三）植物选择与种植

湿地植物依据其生长特性，可划分为水生、湿生和陆生植物。水生植物可分为挺水植物、浮水植物、浮叶植物、沉水植物；湿生植物和陆生植物分有草本和木本两种。表流湿地主要种植水生植物，潜流湿地主要种植水生草本，辅以湿生草本。

人工湿地植物种植的时间宜选择植物地下繁殖体萌芽前，宜为 3 月、4 月或越冬期。植物栽培宜采用容器苗移栽方式，并根据植物生物学和生态学特性进行种苗规格和种植密度设计。人工湿地植物宜选用抗逆能力强、根系发达、生物量较大、观赏价值高、适生性较强的植物，并考虑生态安全性以当地物种为首选。人工湿地的植物选择主要综合考虑以下几个方面。

1. 净化能力强

净化能力是选择湿地植物的基本考量因素，即单位面积的污染物去除率要高。主要从两方面考虑：一方面是植物的生物量较大；另一方面是植物体内污染物的浓度较高。选择湿地植物应当针对目标水体实际特征进行比选，加强典型工程案例的理论分析，以提高理论的指导意义。

研究表明，针对 BOD_5、COD_{Cr} 和 $NO_3^- - N$ 的净化效果而言，眼子菜＞菖蒲＞鸢尾＞茭草。尤其是挺水植被，其根系较为发达，植被错配能够带来较突出的净化效果。沉水植物中，5 种常见沉水植物对 N、P 的去除率大小依次为：轮叶黑藻＞金鱼藻＞苦草＞穗状狐尾藻＞眼子菜，对 N、P 的去除率范围分别为 63％～83％和 49％～71％。

2. 根系发达

植物的根系在固定床体表面、笼络土壤和保持植物与微生物旺盛生命力等方面发挥着重要作用，对保持湿地生态系统的稳定性具有重要作用。植物根系不仅影响潜流层水系流动，还影响悬浮物的吸附沉降。同时，发达的植物根系可以为微生物提供活性生长面，并形成新的生物膜。植物根系区形成微小的气室，增强了介质疏松度，提高了水力传输性能。

有研究指出，污水中的 BOD_5、COD、TN 和 TP 的去除，60％以上是靠附着生长在水生植物根区表面及附近的微生物去除，植物根系生物量与反硝化菌、脲酶、酸、碱性磷酸酶的活性都正相关。根系发达的物种如芦苇、菖蒲、鸢尾、美人蕉等是常用的湿地植物，而具有较大根系表面积的大花美人蕉、宽叶香蒲、再力花及千屈菜，其对营养物的吸收和存储率也高于其他种。因此选择植物根系相对发达的植株品种可以较为显著地改善人工湿地处理效果。

3. 基质特性和湿地类型

湿地基质的理化性质影响着植物的生长，人工湿地设计过程应根据基质特性配置不同的植物。如对一些含盐较高的土壤，可以更多选用抗盐性强的植物，挺水植物有旱伞草、慈姑、芦苇、水葱等，浮叶植物有凤眼莲、水浮莲，沉水植物有金鱼藻、黑藻等；对重金属抗性比较好的挺水植物有旱伞草、鸢尾、灯心草，浮叶植物有水鳖、凤眼莲，沉水植物有狐尾藻、眼子菜等；耐碱性挺水植物如互花米草、芦苇、香蒲、千屈菜，沉水植物如川蔓藻、狐尾藻、金鱼藻、篦齿眼子菜、线叶眼子菜等；耐农药类植物如小眼子菜、水葱、菖蒲、千屈菜等。

此外，还应根据不同的湿地类型配置植物。根据植物的原生环境分析，原生于实土环境的一些植物，如美人蕉、芦苇、灯心草、风车草、芦竹等，其根系生长有一定的向土性，配置于表面流湿地系统中，生长会更茂盛。对于一些原生于沼泽、腐殖层、草炭湿地、湖泊水面的植物，如水葱、茭白、山姜、薰草、香蒲、菖蒲等，由于其已经适应无土环境生长，因此更适宜配置于潜流式人工湿地。

4. 生态安全性

湿地所选择植物应具有较好的生态安全性，不得对当地的生态环境构成隐患或威胁。可优先选用适应湖北地区气候生长的本土植物。平原水网区较为常见的挺水类水生植物有菖蒲、眼子菜、水莎草等；浮水类植物有荇菜、睡莲等；沉水植物有苦草、狐尾藻、金鱼藻、黑藻等。

5. 景观效应

由于湿地植物是人工湿地景观呈现的主要载体，且占地一般较大，因而景观效应是植物选择的重要考量因素。首先，湿地植物应当在满足刚性限制条件的基础上考虑高度、色彩、层次上的搭配；其次，对当地自然湿地植物的形态组成以及地理成分的调研极其重要，以防止人为搭配的种间关系脆弱；最后，植物种植应当注意种植密度，既是植物景观美学的彰显，也是植物健康生长的要求。

如在空间层面上，可将相对低矮类植物，如鸢尾、梭鱼草布设在外围水域或靠近步道一侧，将高大类植物，如再力花、美人蕉、芦苇、香蒲等布设在内侧水域或较远处，以便视觉上相互衬托，形成丰富又错落有致的景致。

如在时间层面上，湿地植物以耐寒或常绿型为主，确保系统的整体净化效果；同时尽可能结合不同花期和群落演替特征，让湿地实现"四季常绿""四季有花"和"自然演替"的综合景观效应。

6. 综合利用价值

人工湿地植物会积累大量的生物质，部分植物需进行管理，以保持合理的种植密度，改善溶解氧、pH 值、底部光照条件等。在冬季，及时收割枯败湿地植物可以有效防止二次污染，提高水体净化效果。湿地植物收获后常见的综合利用方式有能源化利用（制取固体能源材料、沼气、乙醇燃料等）、工业原料（有机肥料、生物制碳等），此外还可以用作动物饲料或者种植观赏类植物、水生蔬菜等。

第三节　植被缓冲带构建技术

植被缓冲带是河岸带研究和管理中常用的一个概念。不同学者对植被缓冲带的定义略有不同，但均认为植被缓冲带是位于水体（河流、溪流及湖泊等）与污染源之间的植被（林地、灌木丛、草地等）区域，都强调植被缓冲带具有污染物拦截与净化、水质保护、景观美化和生物多样性保护等方面的作用。

由于平原水网区城市河湖受城市化、人工化影响较大，周边硬质铺地逐步蚕食了原有的农田、林地、草地等自然下垫面，暴雨后雨水无处下渗，只能裹挟大量泥沙和污染物从地下管网和地面直接排入河道。因此，平原水网区城市河湖植被缓冲带建设不仅是一道靓丽的风景线，更是一道重要的生态防线，对城市水生态环境保护意义重大。

一、植被缓冲带功能

植被缓冲带的功能主要包括净化水质、保持水土、保护生物多样性、调节流域微气候、提升景观等。

1. 净化水质

植被缓冲带可以通过滞留、渗透、过滤、吸收、沉积等功能效应使进入地表和地下水的沉淀物、有机污染物和真菌等减少，起到缓冲、过滤和屏障作用。研究表明，地表径流在植被缓冲带上分布得越均匀，植被缓冲带的渗透能力越强，对有机污染物的吸附率越高。

2. 保持水土

植被缓冲带护堤固岸的作用主要通过植物来实现，植被在降低河流及地表径流的流速、减轻水体对河岸侵蚀强度的同时，根系也起到锚固河湖岸带的作用，提高土层对滑移的抵抗力，可以固结河岸土壤，提升河湖岸带的稳定性。

3. 保护生物多样性

植被缓冲带中形成的小环境为水生、陆生生物提供了良好的活动场所和栖息地。河岸植被向河水中输入的枯枝、落叶、果实和溶解的养分等漂移有机物质，成为水生生物的部分食物来源；同时，植被的覆盖对于维持水体温度和水中含氧量起到了促进作用，有助于维系河岸生态系统的物种多样性；而植被缓冲带自身的廊道空间则为野生动物提供了迁徙通道和栖息网络。

4.调节流域微气候

植被缓冲带的植被分布、宽度和密度等因素都影响河流生态系统的微气候。植被缓冲带的植被在夏季可以为河流提供遮荫。研究发现，如果清除河岸边的植被会导致夏季水温上升 6～9℃；冬季植被缓冲带吸收反向辐射，从而提高水温。

5.提升景观

植被缓冲带水陆镶嵌的结构丰富了河岸生态系统的景观，流动的水体和岸边的植被带实现了景观上动与静的和谐统一。因此，植被缓冲带的存在可以提高整个流域的景观美学价值。植被缓冲带植物类型的多样性、植物色彩和长势的多样性也能带来很好的视觉享受。另外，植被缓冲带特有的狭长和网状结构，能起到衔接流域内各种景观节点的作用，增强流域景观连通性。

二、植被缓冲带构建策略

（一）植被缓冲带构建原则

植被缓冲带构建宜遵循下列原则：

（1）分类治理的原则。植被缓冲带的不同区段应根据地质、水文、土壤、植被及土地利用状况的差别，实行分类治理。

（2）"因地制宜、整体优化"的原则。植被缓冲带生态环境功能应考虑土地利用、经济投入等因素，因地、因类优化组合，合理有效地确定其功能及其适用的恢复措施。

（3）"解决突出问题，重要功能优先"的原则。植被缓冲带宜充分考虑河湖的主要环境功能和使用功能，突出解决主要问题。

（4）"可操作性、实用性、可持续发展"的原则。植被缓冲带功能区的确定宜充分考虑缓冲带修复工程的可实施性、实用性以及技术、经济的合理性，是否利于当地经济、环境的可持续发展。

（5）便于管理的原则。植被缓冲带各功能区边界分类和确定时，应综合考虑土地的行政隶属关系和流域界线，便于地方管理。

（6）充分结合河湖蓝线及相关用地规划的原则。植被缓冲带布置应满足河湖蓝线及陆域建筑物控制线规划的有关要求。当没有相关规划要求时，应充分结合地方有关用地规划，从土地综合利用、减少征地拆迁和耕地及农用地侵占、满足环境需求、经济可行和便于实施等方面综合考虑，进行缓冲带总体布置。

（二）植被缓冲带构建技术

植被缓冲带构建技术应充分考虑缓冲带位置、植物种类、结构和布局及宽度等因素，以充分发挥其功能，并满足下列要求：

（1）缓冲带位置确定应调查河道所属区域的水文特征、洪水泛滥影响等基础资料，宜选择在洪泛区边缘。

（2）从地形的角度，缓冲带一般设置在下坡位置，与地表径流的方向垂直。对于长坡，可以沿等高线多设置几道缓冲带以削减水流的能量。溪流和沟谷边缘宜全部设置缓冲带。

（3）植被缓冲带种植结构设置应考虑系统的稳定性，设置规模宜综合考虑水土保持功效和生产效益。

（4）植被缓冲区域面积应综合分析确定，在所保护的河道两侧分布有较大量的农业用地时，缓冲区总面积比例可参照农业用地面积的 3%～10% 拟定。

（5）河道缓冲带宽度确定应综合考虑净污效果、受纳水体水质保护的整体要求，尚需综合考虑经济、社会等其他方面的因素进行综合研究，确定沿河不同分段的设置宽度。

（三）缓冲带的植物种类配置

（1）植被缓冲带的植物种类配置及设计宜满足下列要求：

1）缓冲带植物配置应具有控制径流和污染的功能，并宜根据所在地的实际情况进行乔、灌、草的合理搭配。

2）宜充分利用乔木发达的根系稳固河岸，防止水流的冲刷和侵蚀，并为沿水道迁移的鸟类和野生动植物提供食物及为河水提供良好的遮蔽。

3）宜通过草本植物增加地表粗糙度，增强对地表径流的渗透能力和减小径流流速，提高缓冲带的沉积能力。

4）宜兼顾旅游和观光价值，合理搭配景观树种。

5）经济欠发达地区，宜选择具有一定经济价值的树种。

（2）植被缓冲带应防范外来物种侵害对缓冲带功能造成的不利影响，外来植物品种的引进应进行必要的研究论证。

（3）植被缓冲带植物种类的设计，应结合不同的要求进行综合研究确定。不同植被种类对缓冲带作用的影响及对污染物的截流效果可分别参考表 3-4、表 3-5。

表 3-4 不同植被类型对缓冲带作用的影响参考表

植被种类	对缓冲带作用					
	稳固河岸	过滤沉淀物、营养物质、杀虫剂	过滤地表径流中的营养物质、杀虫剂和微生物	保护地下水和饮用水的供给	改善水生生物栖息地	抵御洪水
草地	低	高	高	低	低	低
灌木	高	低	低	中	中	中
乔木	中	中	中	高	高	高

表 3-5 不同植被种类对污染物的截留效果参考表

试验植被种类	最佳植被种类	最佳植被截污效果
无植被带、芦苇带、芦苇与香蒲混合带	芦苇与香蒲混合带	对 COD、TN、TP 和 NH_4-N 去除率的周平均值分别为 31%～62%、37%～84%、30%～65% 和 34%～31%
香根草＋沉水植物、湿生植物＋香蒲＋芦苇	香根草＋沉水植物	对 COD、NH_4-N 和 TP 的去除率分别为 43.5%、71.1% 和 69.3%
芦苇带、茭白带和香蒲带	芦苇带	对 COD、NH_4-N 和 TP 的去除率分别为 43.7%、79.5% 和 75.2%

（4）植物的种植密度或空间设计，应结合植物的不同生长要求、特性、种植方式及生态环境功能要求等综合研究确定，如灌木间隔空间宜为100～200cm；小乔木间隔空间宜为3～6m；大乔木间隔空间宜为5～10m；草本植株间隔空间宜为40～120cm。

第四节 河湖污染末端治理技术案例

一、钟祥南湖清淤

（一）概况

南湖地处汉江中游左岸，紧邻汉江，位于钟祥市城区郢中街道办事处东南近郊。据2012年湖北省"一湖一勘"数据，该湖泊平均水面面积11.8km²，平均水深1.5m，储水量3496万m³。南湖流域主要入湖支流有九曲河、护城河、刘桥河及南排渠，南湖控制流域面积165.46km²。南湖水系情况如图3-4所示。

图3-4 南湖水系情况图

根据《钟祥市地表水功能区划》，南湖水质管理目标为Ⅲ类，2016—2020年南湖水质指标基本维持在Ⅳ～劣Ⅴ类，总体水环境状况不容乐观。南湖污染负荷主要来自点源、面源及内源污染三方面，由于多年没有进行清淤疏浚，常年沉积的颗粒物形成了厚实的底泥，渔业投肥养殖使底泥污染物质（N、P）富集，温度升高及水体水质大幅波动加剧污染物质从底泥向水体的释放，对南湖造成严重污染。亟须开展湖泊底泥清淤，提升水环境质量，确保湖泊功能充分发挥，促进湖泊健康发展和可持续利用。

（二）湖泊淤积及底泥现状

根据 2019 年及 2020 年对南湖 28 个点位的检测结果，依据《地表水环境质量标准》及《湖泊入湖排口及底泥清淤调查技术指南》对南湖底泥、水质、水生生物相关指标进行评价。

南湖主湖淤积厚度为 0.3～1.7m，护城河出口处淤积严重，淤积厚度为 0.6～1.7m，南湖南侧淤积较浅；宫塘淤积深度为 0.35～0.8m。南湖主湖及宫塘底泥重金属污染风险程度低；营养盐为重度污染，南湖主湖 TP 超标严重，宫塘 TN 及 TP 均超标严重，营养盐含量从第一层至底层基本呈递减趋势；南湖主湖水质处于 Ⅳ～Ⅴ类，水体为中度富营养，宫塘水质为 Ⅴ～劣 Ⅴ类，水体为中度～重度富营养；大型底栖动物监测数据表明护城河出口污染严重，生物多样性基本丧失，主湖南部为轻度污染；宫塘内水生植物主要有荷叶，主湖内水生植物主要为芦苇，底泥中种子库低，无法自然修复。

（三）清淤范围分析

根据《湖泊入湖排口及底泥清淤调查技术指南》推荐控制值，及南湖底泥检测点营养盐含量、重金属潜在生态风险系数，同时结合南湖水质状况、水体富营养化状态、种子库等湖区情况，确定南湖清淤范围为主湖北部湖区及宫塘。根据南湖水下地形实测数据，南湖湖底局部区域有深坑，如祥瑞大道北路以东及徐家湾以南湖区，坑底深至 21.6m。考虑湖水深超过一定深度，风浪扰动对底泥释放影响小，确定湖底低于 35.5m（常水位以下 5m）区域不进行清淤，同时考虑拟建生态湿岛处不进行清淤。

根据底泥检测点污染淤泥深度、地质勘探淤泥和淤泥质土厚度及宫塘水下地形，将宫塘清淤深度分为南北 2 个大区，8 个子分区。

分区 1-1、分区 1-3 及分区 1-5 根据现状底泥检测点污染淤泥厚度，将污染底泥全部清除，清淤深度分别为 0.7m、0.55m 及 0.6m。分区 1-2 污染底泥厚度为 0.35m，结合地质勘探成果，该区域地质勘探淤泥和淤泥质土厚度为 0.55～1.15m，综合确定该区域清淤深度为 0.5m。分区 1-4 污染底泥深度为 0.55m，结合地质勘探成果该分区部分区域淤泥和淤泥质土厚度达 1m，同时根据现状调查，北侧分布一流量较大排污口，综合考虑确定该区域清淤深度为 0.7m。分区 2-1 及分区 2-2，根据地质勘探成果淤泥和淤泥质土厚度为 15～50cm，淤泥厚度较小，综合考虑污染层厚度，确定该区域清淤深度为 0.4m。分区 2-3 地质勘探淤泥和淤泥质土厚度为 60～90cm，同时结合附近污染底泥厚度，综合确定该区域清淤深度为 0.5m。宫塘清淤范围及深度分区如图 3-5 所示。

南湖主湖根据底泥检测点数据，将污染底泥全部清除，南湖主湖及宫塘清淤范围及深度分区如图 3-6 所示。

（四）清淤及底泥处置设计

1. 清淤设计

清淤的目的是恢复和改善生态，原则是局部疏浚、薄层疏浚，因为一旦挖破，大量轻质淤泥会随水流动力浮上来，严重污染水体，导致越清淤水质越坏。结合已实施类似工程经验、水力要求及工程现场实际，确定清淤范围为南湖西北侧，共计 6 个区域，清淤面积约 392.7 万 m²，清淤深度 0.3～0.7m，清淤量约 184.2 万 m³，局部位置根据具体情况酌情调整，湖底清淤面保持平顺衔接。

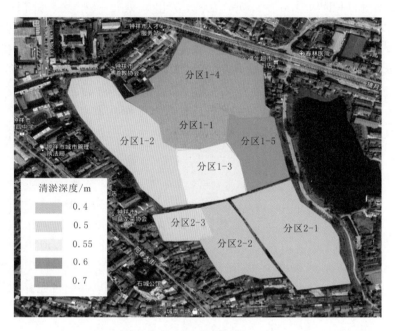

图 3-5　宫塘清淤范围及深度分区示意图

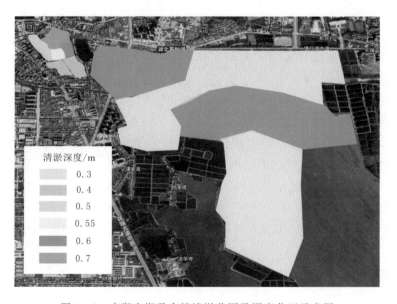

图 3-6　南湖主湖及宫塘清淤范围及深度分区示意图

南湖平均水深 2.91m，湖内水质严重污染，湖底淤泥厚积，水质处于 Ⅴ～劣 Ⅴ 类，从施工环境来看，湖体清淤可以采用环保疏浚，也可以采用局部围堰干塘清淤。从对湖泊的干扰程度来看，后者因为要修筑临时施工围堰及后期拆除围堰，对湖体干扰程度比较大；前者仅在施工期有所影响，后期无影响。考虑南湖清淤范围及工程量较大，占整个湖面面积约 1/3，为减少对湖泊的干扰，南湖清淤采用环保船疏浚法。

宫塘水深 0.3～1.0m；湖底淤泥厚积，部分淤泥已露出水面，且湖内藕塘分布较多，水质处于劣 Ⅴ 类。由于水深较浅，环保船无法正常行驶，即便采用抽水方式增加水深，但湖内淤泥中含有大量根茎，不便于环保疏浚船吸搅底泥，且宫塘与南湖由锁龙堤隔开，形成天然的封闭围堰，因此宫塘清淤采用局部围堰干塘清淤。

根据底泥处理的无害稳定化、节能减排、资源利用及最大减量化的基本原则，设计推荐南湖采用机械脱水固结方式对湖区底泥进行处理，南湖清淤 174.3 万 m^3，推荐采用脱水固化一体化设备对底泥进行处理，处理后泥饼 104.58 万 m^3，全部用于近岸资源化利用。宫塘底泥处理方式采用直接搅拌固结法，宫塘清淤量为 9.93 万 m^3，处理后泥饼量为 7.66 万 m^3，全部用于近岸资源化利用。

2. 尾水处理设计

地勘显示水下自然方底泥含水量约 30%～60%，根据施工要求，输送泥浆含水量须在 90% 以上。一般机械脱水固化施工工艺处理后底泥含水量大约为 40%。在以底泥含固量一定的前提下，通过体积换算可以知道，每处理 $1m^3$（水下自然方）底泥，将会产生约 $10m^3$ 尾水。根据施工组织安排，每日底泥疏浚产量约为 $3300m^3$，底泥经脱水后，每日尾水产生量约为 $33000\ m^3$。

根据宫塘清淤方式和尾水产量，结合周边污水管网布置，将宫塘尾水引入城市污水管网，利用城市污水排污设施进行净化处理。

由于南湖清淤量较多，产生的尾水量较大，从经济方面考虑，采取两种方式进行处理：①从当地有关部门知悉，南湖周边污水处理能力尚有富余，经各方讨论研究，计划将 1 万 m^3/d 的尾水引入污水管网，通过污水处理厂进行净化处理；②对于剩余的尾水，利用超磁净化技术进行处理。

3. 水体稳定控制

南湖属于典型集富营养化污染的湖泊，清淤工程实施后，水体所含的氮磷等营养盐依然丰富，并且随着清淤的扰动，会出现沉积水底的有机质再悬浮、水体透明度下降、pH 值和溶解氧也发生改变，微生物种群失衡，水生动植物食物链被破坏等问题，最终导致水体生态失衡，为藻类的繁殖创造极佳的条件。

推荐选用"WMB 微生物生态修复技术"来对清淤期间及清淤后一段时间（其他修复措施发挥作用之前）内水体进行必要的稳定控制，以利于环境综合治理效益的充分发挥。

二、大冶湖人工湿地

（一）概况

大冶湖流域地处长江经济带腹地，是黄石市第一大湖泊。水面面积 54.7km²，流域面积 1106km²，湖泊常水位 16.55m，湖底平均高程为 11.05m。大冶湖地跨黄石市四县区界，是"武鄂黄黄"的重要生态节点和屏障，是国家重要的产业转型升级示范区、湖北省级层面重点生态功能区。现主要功能有防洪调蓄、农业灌溉、渔业养殖、工业取水、航运及城区景观娱乐等。大冶湖流域水系情况如图 3-7 所示。

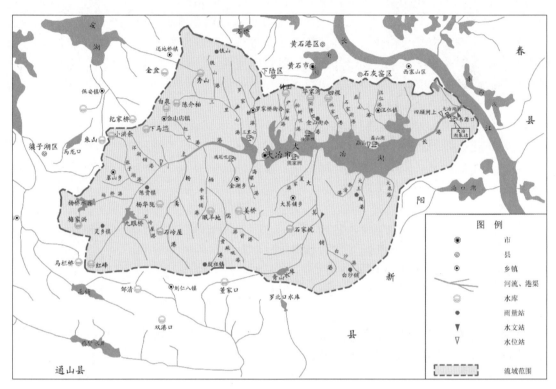

图 3-7　大冶湖流域水系情况图

　　在大冶湖周边的两大污水处理厂附近，建设人工湿地，充分利用湿地中大型植物及其基质的净化能力净化污水，并在此过程中促进大型植物生长，增加绿化面积和动物栖息地以利于生态系统稳定性建设，它将模拟自然环境中尾水由浑浊变清的全过程。由此展示人工湿地系统处理污水具有比传统二级处理更优越的新工艺。

（二）大冶湖人工湿地工程总布置

　　大冶湖人工湿地主要由大冶城南尾水湿地和黄金山山南尾水湿地构成，选址分别位于大冶湖南部大旗铺港西侧鹅窠墩和大冶湖西北部兴隆咀港四棵山南，具体位置如图 3-8 所示。尾水净化流程如图 3-9 所示，两大污水处理厂尾水湿地设计的平面布置情况如图 3-10 和图 3-11 所示。

（三）湿地设计方案

1. "垂直潜流人工湿地＋水生植物塘"设计

　　人工湿地和水生植物塘尺寸设计参数见表 3-6，长宽比符合规范要求，可均匀布水及均匀出水。

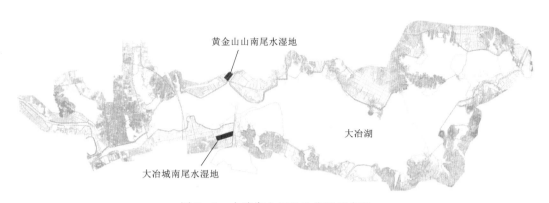

图 3-8 大冶湖人工湿地位置示意图

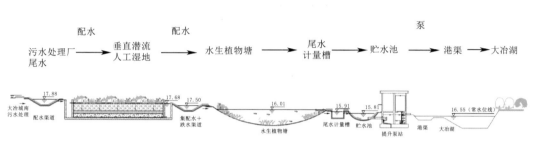

图 3-9 尾水净化流程示意图

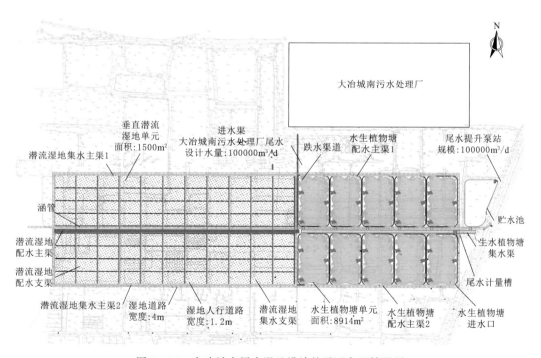

图 3-10 大冶城南尾水湿地设计的平面布置情况图

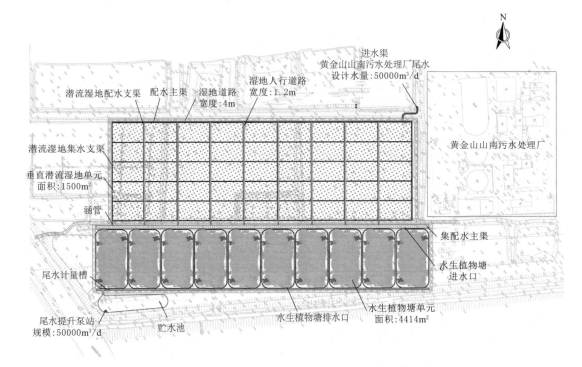

图 3-11 黄金山山南尾水湿地设计的平面布置情况图

表 3-6 人工湿地和水生植物塘尺寸设计参数表

设 计 参 数	单元面积/m²	单元长宽比	底面坡度/%
垂直潜流人工湿地	≤1500	1:1~3:1	<0.5
水生植物塘	≤60000	<3:1	≤2

（1）大冶城南尾水湿地。垂直潜流人工湿地共有 88 个单元，每个单元长约 50m，宽约 30m，单元面积 1500m²。净湿地面积 13.2 万 m²，占地面积 14.64 万 m²。

水生植物塘共有 10 个单元，每个单元长约 120m，宽约 75m，单元面积约 8914m²，为圆角矩形结构。净湿地面积 8.91 万 m²，占地面积 11.43 万 m²。

（2）黄金山山南尾水湿地。垂直潜流人工湿地共有 45 个单元，每个单元长约 50m，宽约 30m，单元面积 1500m²。净湿地面积 6.75 万 m²，占地面积 7.24 万 m²。

水生植物塘共有 10 个单元，每个单元长约 90m，宽约 50m，单元面积约 4414 m²，为圆角矩形结构。净湿地面积 4.41 万 m²，占地面积 5.75 万 m²。

2. 进出水系统

污水处理厂尾水引入主渠后，再分入各支渠，支渠均匀布水分布至垂直潜流人工湿地各单位的进水主管，主管采用 UPVC 管 DN200mm，每个主管两侧分别连接 4 根支管，为单元均匀布水，支管采用 UPVC 管 DN75mm。各单位出水均进入渠内。

水生植物塘为利用自然或人造地形高差进水和出水，尾水经过垂直潜流人工湿地和水生植物塘后，再进入尾水排放计量槽，最终通过泵将水提升就近排入港渠。

3. 填料设置

在工程应用中，填料应根据当地实际情况和工艺进行选择，选择当地可以采购和生产的材料，并考虑填料的强度、比表面积、填料孔隙率等因素。本工程中选择砂砾、碎石，这两种材料具有成本低、采购易、强度高、比表面积大、不易堵塞等特点。本工程的垂直潜流人工湿地填料层主要设计参数见表3-7。设计断面如图3-12所示。

表3-7　　　　　　　　　　垂直潜流人工湿地填料层主要设计参数表

项　　目	垂 直 潜 流 人 工 湿 地		
	主体层	过渡层	排水层
填料粒径/mm	2～5	5～10	10～15
填料深度/m	0.8～1.2	0.2～0.3	0.2～0.3
填料装填后孔隙率/%	30～35	35～45	45～55

结合项目实际，覆盖层采用粗砂砾，粒径10～20mm，厚0.1m；填料层采用粗砂砾，粒径4～8mm，厚800mm；过渡层采用砂砾，粒径10～30mm，厚300mm；排水层采用碎石，粒径30～150mm，厚400mm。

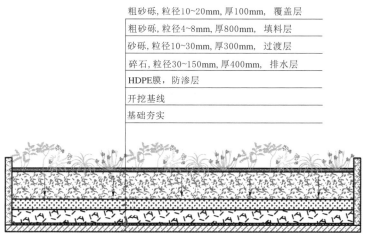

图3-12　垂直潜流人工湿地设计断面图

4. 水生动植物配置

本工程中，垂直潜流人工湿地采用菖蒲、湿生美人蕉、再力花、千屈菜、黄花鸢尾、黄叶芦竹；水生植物塘采用千屈菜、慈姑、水生美人蕉、香蒲、花叶菖蒲、梭鱼草、苦草、菹草、穗花狐尾藻，并放入鲢、鳙、大型溞、圆田螺、河蟹、虾、蛙、鸭，构建更为稳定的湿地生态系统。

5. 大冶湖人工湿地工程分析

此人工湿地充分考虑现状地形、大冶湖周边城区建设和乡镇改造的实际用地情况，占用土地资源较少；且至水生植物塘可实现逐级重力自流，形成无动力运行，土方开挖量较小；湿地系统设置有道路延伸，利于植物收割、工程运输、运维管理等；合理利用已有沟渠，满足合理的进出水渠布水。

垂直潜流人工湿地可以对污水处理厂尾水较好地进行脱氮除磷，效果稳定，单位面积处理效率高。污水处理厂尾水通过合理布设的垂直潜流人工湿地，使污染物得到最大效率去除，再通过水生植物塘，以满足最后的入湖水质要求。且水生植物塘结合现状地形设计，投资及运行费用低廉，建造、运行、维护与管理相对简单。

新构建的湿地系统还能提供多重生态服务功能。既能吸收二氧化碳释放氧气调节大冶湖周边区域微气候，也通过植物生物量生产固碳，阻滞沙尘、降低噪声。湿地系统在污水净化工程中促进植物的生长，增加绿化面积，并能为动植物提供栖息地，有利于生物多样性的保护。垂直潜流人工湿地＋水生植物塘在处理大冶城南污水处理厂尾水和黄金山山南污水处理厂尾水水质的同时，还能为人们提供更舒适的生活环境、教育参观和娱乐游览用途等，具有显著的社会、环境和经济效益。

第四章 河湖水系连通技术

河湖水系连通是河流生态系统完整和健康运行的必要条件，是河湖水系功能正常发挥的重要基础。连通性良好的河湖水系有利于水文调蓄、输水输沙、生态环境等多项功能的发挥，有利于解决区域洪涝灾害、水资源短缺、水环境污染及生态恶化等问题。本章结合江汉平原河湖水系特点，从水系连通的内涵、水系连通性评价、水系连通关键技术、水系连通工程案例等方面简述水系连通技术，实施河湖水系连通对于提高流域水资源优化配置能力、防洪排涝能力、改善水系结构和修复水系生态功能水环境，支撑经济社会的可持续发展、提高生态文明水平具有重要意义。

第一节 水 系 连 通 内 涵

一、定义及内涵

河湖水系连通（interconnected river system network，IRSN）是以实现水资源可持续利用、人水和谐为目标，以提高水资源统筹调配能力、改善水生态环境状况和防御水旱灾害能力为重点，借助各种人工措施和自然水循环更新能力等手段，构建蓄泄兼筹、丰枯调剂、引排自如、多源互补、生态健康的河湖水系连通网络体系（窦明等，2011）。

河湖水系连通是基于当前我国洪涝灾害频繁、水资源供需矛盾突出、农田水利建设滞后、水利设施薄弱的严峻水形势和增强防灾减灾能力、强化水资源节约保护工作（陈雷，2011）及改变农业主要"靠天吃饭"局面的水利迫切需求而提出。借助自然水循环形成的自然河湖水系连通，通过人工运河、调度工程等水利工程的直接连通和区域水资源配置网络的间接连通（窦明等，2011），构建跨越全国的多功能、多途径、多形式、多目标（李宗礼等，2011）、适合经济社会可持续发展和生态文明建设需要的蓄泄兼筹、丰枯调剂、引排自如、多源互补、生态健康的综合性水系连通网络，充分发挥提高水资源统筹调配能力、改善水生态环境状况和增强水旱灾害防御能力的功效，着力解决水多、水少、水脏、水浑等问题，最终实现水资源可持续利用、经济社会可持续发展，进而达到人水和谐。

二、水系连通要素分析

河湖水系连通将形成一个多目标、多功能、多层次、多要素的复杂水网巨系统，其构成要素可以概括为以下三个方面：

（1）自然水系。通过自然演进形成的江河、湖泊、湿地等各种水体构成自然水系，它是水资源的载体，是实施河湖水系连通的基础。自然水系的形成和发育过程受地质作用和自然环境的影响，如地壳运动、地形、岩性、气候、植被等，是一种极为复杂的自然现象。自然水系是水系连通实施的基础条件，区域的河网水系越发达，则水系连通条件越好。

（2）人工水系。人类社会发展过程中修建的水库、闸坝、堤防、渠系与蓄滞洪区等江河治理工程，不但形成了人工水系，同时也为实现河湖水系连通提供了有效手段和途径。目前，经济社会发展越来越依靠水工程来兴利除害，但是，不可忽视的是水工程对河湖水系的影响和作用是双向的。一方面，水工程可以恢复河湖之间的水力联系，实现水资源优化调配，丰枯调剂，改善生态环境；另一方面，如果连通不当，运行失调，也有可能造成水系紊乱、生态廊道受阻、生物多样性受损等问题。

（3）调度准则。水工程的运行需要靠一定的运行调度准则来实现，如防洪、调水、灌溉等。目前的调度准则正在向以流域为单元，统筹考虑上下游、左右岸以及不同区域防洪、发电、灌溉等效益方向发展。河湖水系连通将构建一个多目标、多功能、多层次、多要素的复杂水网巨系统，须从更高的层次、更大的范围、更长的时段统筹考虑连通区域（包括调水区域和受水区域）的经济社会、生态环境等各方面的水情、工况和需求。基于河湖水系连通工程的庞大性、连通格局的复杂性和气候变化影响的不确定性，势必要求调度准则更为全面、宏观、精确、及时，从而使河湖水系连通工程真正实现引排顺畅、蓄泄得当、丰枯调剂等目的。

三、河湖水系连通的功能

纵观国内外河湖水系连通工程，可以发现河湖连通的主要功能大致可概括为提高水资源统筹调配能力、改善水生态环境状况、增强水旱灾害防御能力三个方面，故将其划为三个一级功能。对应这三大功能，可将河湖水系连通分为资源调配型、水质改善型、水旱灾害防御型。进一步细化这三类河湖水系连通的功能，形成河湖水系连通功能体系，如图4-1所示。

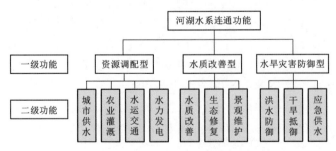

图4-1　河湖水系连通的功能体系示意图

1. 资源调配型

随着全球气候变化的影响和我国经济社会的快速发展，我国"北少南多"的水资源分布格局更为明显，经济社会发展格局和水资源格局匹配关系不断演变，用水竞争性加剧。

从全国主要流域和地区水资源缺水情况看，北方地区主要表现为资源性缺水和对水资源的不合理开发利用，其中黄河、淮河、海河、辽河4个水资源一级区总缺水量占全国总缺水量的66％；南方地区主要表现为工程性缺水，部分地区存在资源性缺水。从全国水资源整体配置情况来看，部分地区仍存在水资源承载能力不足的情况，尤其是我国北方地区，水资源严重短缺，经济社会用水挤占生态环境用水，供水安全风险逐步加大，水资源供需矛盾日益突出。为了区域经济社会可持续发展，提高水资源保障和支撑能力已成为当务之急，开展河湖水系连通战略研究非常迫切。

资源调配型的水系连通方式，是通过流域或区域间的水网建设构建水资源配置网络，加强水资源的流通、输送和补给，提高水资源调度配置能力，解决缺水地区的用水问题。其二级功能包括：①城市供水。通过河湖与城市之间的供水管网构建，调引水资源丰富地区的水补给缺水城市，提高城市供水保证率，解决城市缺水问题。如大伙房水库输水工程、引松入长供水工程、引滦入津工程。②农业灌溉。通过河流与灌区之间的渠系构建，调引水资源丰富地区的水进行农业灌溉，保障农业发展、解决粮食问题。如引大入秦工程、江水北调工程、湖北省鄂北调水工程。③水运交通。通过流域或区域间的水网构建，加强水资源的流通、输送，发挥航运功效，构建水上交通网络。如京杭大运河。④水力发电。通过构建河流与水库之间的连接通道，引水蓄能发电，提高水电站的发电效率，支撑区域经济社会的发展。如引洮入定工程的九甸峡水利枢纽。

2. 水质改善型

随着经济社会的快速发展，废污水排放量日益增大，致使河流湖泊等水体污染不断加剧，水生态环境状况严重恶化。特别是部分地区为开发利用水资源，修建大量闸坝，改变或阻隔了河湖水系的水力联系，河湖水体流速减缓，天然河湖、湿地的调蓄能力降低，导致水体流动性减弱，自净能力和水环境承载力降低。随着河湖污染物的持续增多，富营养化程度增高，水生态环境功能逐步退化，生态自我修复能力下降，水体污染程度加剧，部分地区出现水质性缺水。水质性缺水已经成为限制我国经济社会发展和生态环境保护的瓶颈问题。水质性资源短缺要求必须通过各种途径提高水质质量，改善水生态环境，对污染严重的水体，单纯靠传统的节水、治污措施已经不能满足环境生态改善的需求，必须在此基础上通过河湖水系连通工程，改善河湖水系水生态环境状况，提高区域水环境承载能力。

水质改善型的水系连通方式，是在严格控制污染物排放的前提下，通过构建河湖水系置换通道改善河湖水体的流动性，加快水资源循环更新速度，提高水体自净能力，充分发挥水生态系统自我修复能力，改善水环境质量。同时通过合理调度保障生态环境需水、有效补偿地下水、改善水生生境和生存空间，修复保护连通水域周边的生态环境，提供宜人的区域环境。其二级功能包括：①水质改善。通过建设新的河湖水系置换通道，加快水资源更新速度，缩短水体置换时间，提高水体自净能力，实现改善水质的目的。如引江济太工程、珠江压咸补淡工程。②生态修复。通过调引水资源对生态脆弱区进行补水，提高生态环境需水保证率，改善水生生境和生存空间，修复保护连通水域周边的生态环境。如扎龙湿地补水工程、塔里木河下游生态应急输水工程。③景观维护。通过构建区域水网、城市水网，建设自然-人工相结合的城市水景观及休闲娱乐设施，加强水循环更新能力，改善居民生活环境，提升城市文化生态底蕴，实现人与自然的和谐共处。如桂林两江四湖工程、部分城市生态水网建设工程。

3. 水旱灾害防御型

洪涝和干旱灾害长期以来一直是中华民族的心腹大患，防洪抗旱也一直是我国水利建设的重大任务。新中国成立以来，我国开展了大规模的江河治理。目前，主要江河和重点区域的防洪体系已初步建立。但在一些地区，工业化和城市化的快速发展以及围湖垦殖等活动大大压缩了河湖水系空间，与江河连通的众多湖泊、淀洼调蓄能力大幅降低，中小河流淤积、堵塞和萎缩现象严重，部分河道基本的调蓄、输水、排水等功能逐渐丧失，流域和区域蓄泄关系发生变化，造成部分地区行洪不畅，严重威胁防洪安全。近20年来，干旱灾害也表现出频次增高、持续时间延长和灾害损失加重等特点，旱灾影响范围已由农业为主扩展到工业、城市、生态等领域，工农业争水、城乡争水和经济社会挤占生态用水现象越来越严重。河湖水系连通不仅为洪水提供畅通出路，维护洪水蓄滞空间，而且能够为干旱地区调配水源，维持水资源供给，有效降低洪涝灾害风险，保障防洪供水安全。河湖水系连通将成为提高径流调控与洪水蓄泄能力、增强抵御水旱灾害能力的有效途径。

水旱灾害防御型的水系连通方式，是通过改变河湖水系连通情况，加强水系疏通、排引功效，保证河湖的蓄泄能力，最终提高区域水系整体的水旱灾害防御能力（包括防洪抗旱）。其二级功能包括：①洪水防御。通过改变河湖水系连通情况，加强水系疏通、排引功效，保证河湖的蓄泄能力，提升流域、区域、城市的洪水防御能力。如治淮骨干工程、山东省海河流域水网化建设。②干旱抵御。通过建设骨干水源工程、渠道、管道等输水工程，形成以抵御干旱为主的水网连通工程，向因连续无有效降雨造成的干旱地区进行输水，确保抗旱用水、经济社会基本用水需求。③应急供水。通过构建以应急供水通道为主的水系网络，从水库、湖泊、地下水等水资源储存体调取水资源，缓解用水临时剧增、供水工程失效、地震、战争等原因造成的突发性缺水困境。如甘肃省天水市秦州城区紧急调水工程、山东省济南市济西应急调水工程。

四、河湖水系连通原则

1. 相关性原则

在分类过程中，应综合考虑流域自然地理和气候条件、流域上下游水资源条件、湖泊分布连通特点、水生态系统特点、用水需求等关键要素，既要考虑它们在空间上的差异，以突出不同分类的特点，又要考虑其具有一定相似性，以保证分类具有可操作性。

2. 主导性原则

在有跨多个流域的河湖水系连通分类时，以大流域连通优先；在具有多种连通方式的河湖水系连通分类时，以主导连通方式优先；在河湖水系连通具有多个连通目的时，以主导连通目的优先等。

3. 完整性原则

按照一定分类角度、属性进行分类时，要考虑完备、不遗漏，虽然有些分类可能当前并无相关案例，但作为分类指导，要将所有可能包含的子类予以列出。

4. 表征性原则

通过不同河湖水系连通角度、属性进行分类，从得出结果可以构绘出河湖水系连通基本情况，体现出各个特征，便于对河湖水系连通的理解、研究。

第二节 水系连通性评价

一、水系连通性的指标体系

河湖生态系统作为一个开放的动态系统，河流与河流周边、流域内自然环境、人类社会之间存在着输入和输出的信息流。河湖水系连通评价体系的构建过程是一个从复杂信息流中筛选主导性指标进行研究的过程，除了具有一般评价体系的科学性、规范性、简明性及动态性外，还应满足可操作性、层次性、整体性、定性与定量相结合等原则。

由水系连通性理论可知，河湖水系存在纵向、横向、垂向及时间四个维度的连通性，在选择评价指标时应尽可能覆盖上述四个维度，已有评价指标均是对这四个维度中某一个或若干个方面的间接反映，直接量化某个维度的指标尚不多见。为了反映河湖连通性，重点在纵向及河-湖横向连通水平的量化分析，为此选择河流碎片化指数、湖库水流畅通程度、河流闸坝阻隔程度、水面面积变化率及换水周期等五个指标分析江汉平原河湖水系连通性。河流碎片化指数主要反映河道纵向连通性效果；湖库水流畅通程度反映河-湖水体横向连通性程度；河流闸坝阻隔程度主要反映河-湖水系在时间上的连通性；水面面积变化率主要反映横向和垂向连通性；换水周期主要反映河湖水系横向和时间上的连通性。表 4-1 汇总了各指标反映水系连通性维度的情况。

表 4-1 各指标反映水系连通性维度汇总表

目标层	指标	反映水系连通性维度
河湖连通性	河流碎片化指数	纵向
	湖库水流通畅程度	横向、时间
	河流闸坝阻隔程度	时间
	水面面积变化率	垂向、横向
	换水周期	横向、时间

1. 河流碎片化指数

闸坝阻隔是对河流纵向连通性影响最大的因素。闸坝数量可在较大程度上反映河道碎片化程度。通常情况下，河道闸门数量越多，河道碎片化程度越高，纵向连通性越低。同时闸门建设的位置不同，对河道连通性的影响也不相同。河道长度越长，对河道中的物质输送、水生动植物运动越有利，同样的闸门数量，若闸门分散得越均匀，则越不利于生态环境改善。为了量化闸坝对河道纵向连通性的影响，Cote et al.（2009）提出的树状水系连通性指数——碎片化指数的数学表达式可以表述为

$$DOF = 100 - \sum_{i=1}^{n} \left(\frac{l_i}{L} \right)^2 \times 100 \qquad (4-1)$$

式中　n——评价河道被闸坝隔断的河段数量；

　　l_i——第 i 河段长度；

　　L——评价河道总长度。

图 4-2 给出了河道不同闸坝数量条件下河道最大碎片化指数随闸坝数量不同的变化规律，

当河道没有闸门时，河道碎片化指数为 0，河道纵向连通性最大；随着闸门数量的增加，最大碎片化指数呈非线性增长。当河道上存在 4 个拦河建筑物时，最大碎片化指数将达到 80。

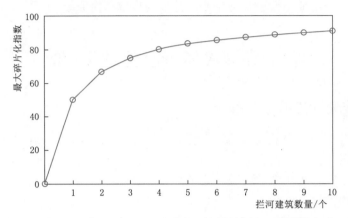

图 4-2 河道最大碎片化指数随拦河建筑数量不同的变化规律

2. 湖库水流畅通程度

湖库水流畅通程度（OD）主要反映水体在河流、湖库之间流动的畅通程度，通常采用入湖和出湖流量大小来反映水流畅通程度的高低。例如天然状态下，入湖河道流量越大，表明区域横向汇流条件与水流入湖越畅通，在人工闸坝干预条件下，流量越大说明越接近天然状态，在一定程度上也表明了良好的畅通程度。本书采用入湖/出湖流量是否达到某一阈值（多年时段平均值、最小值等）来判断河湖横向连通性水平。具体计算湖库水流畅通程度时，以月为计算时段，首先计算环湖（库）河流月出入湖（库）水量与出入湖（库）多年平均径流量，统计评价年份该月径流量超过多年平均月径流量的天数作为月湖库水流畅通程度，全年 12 个月份取平均可得评价年份的湖库水流畅通程度，数学表达式如下：

$$OD = \frac{\sum_{1}^{12} od_i}{12} \tag{4-2}$$

$$od_i = \frac{s_i}{date_i} \quad i = 1,2,\cdots,12 \tag{4-3}$$

$$s_i = \sum_{j=1}^{date_i} I_{ij} \tag{4-4}$$

式中 od_i——第 i 月的湖库水流畅通程度；

　　　 s_i——第 i 月的实际流量超出该月多年平均流量的累积天数；

　　 $date_i$——第 i 月的实际天数；

　　　 I_{ij}——第 i 月第 j 天的流量指示变量，若当日流量大于该月多年平均径流量，则为 1，否则为 0。

对湖泊而言，入流、出流大小的变化通常体现在水位变化上，当研究对象缺少流量监测资料时，可考虑采用水位替代流量，并选择合适的水位阈值进行相关计算。

3. 河流拦河建筑物阻隔程度

河流闸坝阻隔程度主要从时间上反映闸坝对河湖水流阻隔的程度。采用因闸坝关闭导致断流天数与全年总天数的比值进行量化，该指标值越大，反映湖库间因闸坝导致的河湖水系不连通持续时间越长，湖库连通性越差。

4. 水面面积变化率

水面面积变化率主要受到入流流量、出湖流量、渗漏、蒸发及水资源开发利用等多种因素影响，从连通性角度来看，能较好地反映河湖水系在横向、垂向连通性程度。

通过分析现状河湖水面面积与历史时期（20 世纪 80 年代）水面面积减少的比例来反映水面面积变化率。

5. 换水周期

换水周期系指全部湖水交换更新一次所需时间，是判断一个湖泊水资源能否持续利用和保持良好水质条件的一项重要指标。凡是出湖流量越大的湖泊，其换水周期就越短，湖水经利用后能很快地得到补充和恢复，从而有利于对水资源的持续利用。出湖流量越小的湖泊，其换水周期越长，如湖水被大量利用，就难以得到补充和恢复，湖面就会相应缩小，整个湖泊生态系统也会发生一系列的变化。从连通性角度来看，换水周期是湖泊水位及出湖流量过程综合作用的结果，在一定程度上反映了水体横向及时间上的连通性水平；换水周期越小，河湖连通性越高。

本书用河湖多年平均蓄水量（槽蓄量）与多年出湖（河槽）流量的比值表征换水周期。考虑不同季节多年平均水位不同，采用河湖各月多年平均蓄水量与评价年对应月份平均出湖流量的比值，表征每月的换水周期，12 个月份的平均值代表湖泊该年的换水周期，数学表达式如下：

$$T = \frac{\sum_{1}^{12} t_i}{12} \tag{4-5}$$

$$t_i = \frac{v_i}{q_i} \quad i = 1, 2, \cdots, 12 \tag{4-6}$$

式中　T——湖泊全年换水周期；

$\quad\quad t_i$——湖泊月换水周期；

$\quad\quad v_i$——湖泊月多年平均水位对应容积；

$\quad\quad q_i$——湖泊每月的多年出湖流量。

二、综合指标评价方法

美国著名运筹学家匹兹堡大学教授 Saaty 等提出层次分析法（Analytic Hierarchy Prcess，简称 AHP），该方法在很多领域有着广泛的应用。能够较好的解决多目标的评价问题。AHP 的基本原理是：构造层次结构，根据实际情况确定同一层次不同指标的重要程度值，建立相应的判断矩阵；然后计算该矩阵的最大特征值及对应的正交化特征向量；最后，经过矩阵的一致性检验。

1. 构造层次结构

按照评价系统内不同因子相互间的关系，将评价系统分为目标层、准则层以及指标层。目标层能够综合反映评价系统的整体状况。准则层是反映评价系统的不同侧面，从各个侧面反映目标层的状况。指标层是对准则层的细分，能够反映准则层相应因子的情况。

2. 构造判断矩阵

在准则层和指标层的基础上，对不同的因子相对上一层的重要性进行打分，列出判断矩阵。在河流连通性评价指标体系中对不同指标 C_i 相对于准则层因子 B 的重要性打分，形式如下：

表 4-2　　1～9 标度法判断矩阵重要性

说　明	1～9 标度
i 元素比 j 元素的影响相同	1
i 元素比 j 元素的影响稍强	3
i 元素比 j 元素的影响强	5
i 元素比 j 元素的影响显著的强	7
i 元素比 j 元素的影响绝对的强	9

注　C_i 也可取程度中间值 2、4、6、8。

$$C_i = \left\{ \begin{matrix} c_{11} & c_{12} & \cdots & c_{1m} \\ c_{21} & c_{22} & \cdots & c_{2m} \\ \vdots & \vdots & \ddots & \vdots \\ c_{m1} & c_{m2} & \cdots & c_{mm} \end{matrix} \right\} \quad (4-7)$$

在比较两个因素相对上一层的某个因素相对重要程度时，需要有一个定量的标度。本书为确定不同河流连通性对区域整体连通性的影响，采用 Saaty 教授提出的 1～9 标度法，见表 4-2。

3. 层次单排序

层次单排序也叫特征向量法，通过计算判断矩阵的最大特征值及其对应的特征向量。从而得到相应的权重。层次单排序也可以采用方根法与和法得到。本书研究采用特征向量法，其步骤简要介绍如下：

（1）由 $AW = \lambda W$ 得到所有 λ 值，其中 $\lambda_{\max}$ 是所有 λ 的最大值。

（2）求 $\lambda_{\max}$ 对应的特征向量 W^*，将 W^* 归一化处理，求得向量 W，则 $W = [W_1, W_2, \cdots, W_m]^T$ 为不同指标的权重。

4. 判断矩阵的一致性检验

在对评价指标的重要性进行评判时，可能出现冲突，需进行一致性检验。由矩阵理论可知，如果 $\lambda_1, \lambda_2, \cdots, \lambda_m (\lambda_1 \geqslant \lambda_2 \geqslant \cdots \geqslant \lambda_m)$ 是判断矩阵 C 的特征根，则有

$$\sum_{i=1}^{m} \lambda_i = m \qquad (4-8)$$

当矩阵 C 具有完全一致性时，则有 $\lambda_1 = m$，当矩阵 C 为正反矩阵但不具有完全一致性时，则有 $\lambda_1 \geqslant m$。一致性指标计算公式为

$$CI = \frac{\lambda_{\max} - m}{m - 1} \qquad (4-9)$$

考虑到本次权重评价过程中可能存在判断矩阵阶数较高的问题，参考相关文献，列出了 1～30 阶判断矩阵一致性指标 RI 取值，结果见表 4-3。

表 4-3　　　　　　　　　　　1～30 阶判断矩阵一致性指标 RI 取值表

阶数	1	2	3	4	5	6	7	8	9	10	11	12	13	14	15
RI	0	0	0.52	0.89	1.12	1.26	1.36	1.41	1.46	1.49	1.52	1.54	1.56	1.58	1.59
阶数	16	17	18	19	20	21	22	23	24	25	26	27	28	29	30
RI	1.5943	1.6064	1.6133	1.6207	1.6292	1.6358	1.6403	1.6462	1.6497	1.6556	1.6587	1.6631	1.6670	1.6693	1.6724

当随机一致性比率 $CR = \dfrac{CI}{RI} < 0.10$ 时，认为该判断矩阵通过一致性检验，计算结果有效，即所求权重值可靠。

第三节　河湖水系连通关键技术

近年来，人们开始逐步意识到河湖割裂产生的一系列负面影响。为改善区域水生生物栖息状况与水体流动性，越来越多的河湖水系连通工程被提出。本节立足于水系连通工程规划设计工作的关键技术，从规划设计和运行管理层面，阐述相关技术要点。

从规划设计层面来看，河湖水系连通关键技术可划分为河湖水系功能识别与需求分析技术、河湖水系连通方案甄选技术和河湖水系连通效果评估技术三个部分。功能识别与需求分析主要解决"为何要连通"的问题，也就是连通的必要性。而方案甄选和效果评估则是通过方案比选和效果分析，综合选择合适的连通方案，完成连通性设计的过程，主要解决"如何进行连通设计"的问题。另外，在后期工程运行阶段，充分利用现代科学管理手段和方法，对水系实施科学管理、监测与调度，保障连通的稳定运行，促进连通区域经济社会协调可持续发展和生态文明建设的正常进行。运行管理层面的关键技术常常包含湖水系连通水网调度技术、河湖水系连通实时监测技术、河湖水系连通风险控制技术和河湖水系连通后评估技术四个部分。本节主要对规划设计层面的关键技术进行展开讨论。

一、河湖水系功能识别与需求分析技术

河湖水系功能识别是河湖水系连通工作的准备和实施前提，只有对现有河湖水系的问题有清晰的认识，才能有针对性地采取相应的工程措施，从而保障连通工作的合理性（庞博等，2015）。在水系维度上，根据水系连通指标体系，对河湖水系的连通性进行评估。河湖水系存在纵向、横向、垂向及时间四个维度的连通性，在选择评价指标时应尽可能覆盖上述四个维度，结合历史资料，对河湖水系及其演变和连通历程进行综合分析，从多个维度对河湖水系连通性存在的问题进行分析，评估河湖水系各维度连通状况与需求。

从水系功能层次上，可分别分析地区水资源及其开发利用状况、生态环境现状、水利工程布局和自然水系功能等情况，综合了解区域水问题，在此基础上，分别建立评估指标和方法，识别区域内水资源、水安全、水生态、水环境现状是否良好，对河湖水系的各项功能现状进行评价。针对河湖水系存在的主要问题，从全局利益出发，确定急需建设的河湖水系连通主体类型，即水资源调配类、防洪减灾类与水生态环境保护修复类（冀建疆等，2014）。

分析河湖水系功能上水资源、水环境、水生态等多方面的现状问题。通过选取合适的指标进行分析计算，分析河湖水系连通状况与水系功能现状之间的关联，分析河湖水系连通的功能类型与需求。水资源调配类主要考虑地区的水资源与人口、生产力布局以及土地等其他资源是否相匹配；防洪减灾类主要判断排水通道不畅、行洪能力不足等问题；水生态环境保护修复类主要评判生物通道阻隔、水体流动性差、水环境容量不足等情况。值得

注意的是，很多区域往往存在多种水问题，河湖水系功能可能兼备水资源调配、防洪减灾类与水生态环境保护修复类。如南水北调东、中线一期工程，其目标是以沿线城市供水为主，同时兼顾农业供水和生态补水，其中东线工程部分河段还能够保障航运用水，兼具水资源调配、生态环境保护修复及航运的功能（李原园等，2014）。在具体的工程中，需因地制宜地综合考虑，选择合适的河湖水系连通主体类型。

二、河湖水系连通方案甄选技术

河湖水系功能的需求明确后，可针对性地设置不同的方案，用于恢复河湖水系的连通性。其中恢复纵向连通性要从消除纵向连通阻隔着手，主要考虑工程措施，如环保疏浚、拆除闸坝等，以减少河流上下游阻隔，恢复河流的纵向连通性。恢复横向连通性要从消除横向连通阻隔着手，考虑工程措施和非工程措施相济，如河湖通道恢复、闸坝的生态调度、堤防后靠重建等。垂向连通性恢复主要从河床底质修复着手，工程措施主要包括种植和维护由本地物种组成的河岸缓冲带，引入砾石等粗沉积物或冲洗造成间隙空间堵塞的沉积物，以提升河床孔隙，引入弯道、浅滩和深潭、大卵石和圆木等。

在设置不同的连通方案后，进一步对方案进行甄选。针对相应的生态、资源配置等需求，通过合理的建模方法，从工程布局、规模论证、水资源供需分析、水生态改善情况等方面，分析方案的可行性。主要技术手段包括连通性分析模型构建、水动力-水质数值模拟模型构建等。

连通性分析模型主要基于地理信息系统（GIS），在提取现有水系的基础上，采用连通性相关指标，对不同连通方案的连通性指标进行计算，评估得到合适的连通方案。具体地，马栋等（2018）基于图论边连通度方法，利用GIS提取扬州市城区水系，建立了扬州市主城区水系图模型并计算了水系边连通度，分析得到影响水系整体连通性的关键河段与关键节点闸门等，确定合理的连通路径与闸门调度方案。杨晓敏（2014）以胶东地区为例，对胶东调水东线工程和引黄济青所在的山东半岛东部地区水网进行连通度分析。在提取流域水系基础上，根据图论连通度理论，将河湖水系等要素用图模型表达，构建不同规划方案的图模型，对比不同方案相对于现状河湖水系的连通度变化情况，为方案的合理性作支撑。

水动力-水质数值模拟模型则主要依托一维或二维水动力水质模型，量化不同方案下河湖水系中水量水位的沿程变化、典型污染物的演变等过程，为方案比选提供依据。如大东湖生态水网工程中，建立了大东湖二维水动力模型和水质模型，对不同的引水方案进行了模拟计算，分析了不同引水路线下湖泊水质指标的变化过程，结合工程经济性等条件，分析确定合理的引水路线与规模（余成等，2012）。高嵩等（2020）以泰州老通扬运河引水工程为例，建立一维河网水动力水质模型，分析比选了不同引水方案，从水量供需平衡、河道流速、水质达标时间等方面论证了泵站建设规模。

三、河湖水系连通效果评估技术

该技术是对河湖水系连通后形成的新的水资源系统进行评估。通过选取不同的指标，结合相关模型评价河湖水系连通工程的实施对水安全、水环境、水生态、社会经济等方面造成的影响。如水安全方面，可选择供水保证率水平、防洪达标率、水旱灾害损失率等指标；水环境方面，可选择水功能区达标率、水动力条件、水土流失治理率等指标；水生态方面，可选择水生生物通道通畅率、水生动植物种类、密度等指标。在选取指标后，以工程设计工况为模拟边界条件，在规划水平年条件下对相关指标进行建模，如水量和水质的模拟可选择相关的水动力、水质模型，计算得到规划水平年的相关指标，进而评估相关指标是否达到预期效果。

在具体应用方面，杨晓敏（2014）以山东半岛为研究区，分析胶东调水东线工程和引黄济青工程下河湖水系的连通情况，选取供水保障率作为指标进行供水风险分析，分析在规划水平年条件下，现状河湖水系与调水工程条件在不同的供水条件下，供水保障率变化情况，进而对工程实施的效果进行模拟评估，量化分析工程的合理性。肖婵等（2009）运用分形理论，分析南水北调工程大背景下，讨论有、无引江济汉工程两种情景时，汉江中下游水文形势变化和对水华暴发的可能影响。

第四节　河湖水系连通工程案例

一、大东湖生态水网构建工程

（一）项目背景

大东湖水系位于武汉市长江南岸，区域涉及武昌区、青山区、洪山区、东湖新技术开发区和东湖生态旅游风景区，属于典型的平原水网区。大东湖区域南部为东西走向的低矮山系，西、北、东三面临江。总体地势为东高西低，南高北低。存在剥蚀丘陵区、剥蚀堆积垅岗区、堆积平原区三种地貌类型。

大东湖地区水系发育，主要湖泊有东湖、沙湖、杨春湖、严西湖、严东湖、北湖等6个湖泊，区间还有竹子湖和青潭湖等小型湖泊，最高水位时水面面积 60.12km²。湖泊属堆积地形，主要为湖积、冲积物组成，标高15～20m。湖泊岸滩宽窄不一，一般高出湖心1～5m。中部南北向的垅岗将大东湖水系分为东、西两部分，即东边的北湖水系和西边的东沙湖水系。大东湖有主港渠15条，其中东湖港、青山港、沙湖港、北湖大港是由历史上的通江河流渠化而成，其他港渠多为人工排水渠道。

治理前，大东湖水系主要存在下述问题。

1. 区域内湖泊污染严重，水质较差

区域内污水管网收集系统不完善、雨污管道混接、部分排污口未实现完全截污，点源污染是区域湖泊污染的主要因素之一。区域内耕地单位化肥施用量高，畜禽养殖量大、分布区域较广、粪污处理率低，农业、禽畜等面源污染严重；养殖投饵和常年淤积的湖泊底泥造成内源污染严重。

项目实施之前，区域内已经实施了部分截污措施，区域主要湖泊——东湖水体污染趋势得到初步控制。但由于缺乏全面系统的综合治理，加之投入有限、手段单一，区域内主要湖泊水质较差。其中，东湖水质在Ⅴ类和劣Ⅴ类之间徘徊。杨春湖、严西湖、北湖、沙湖等湖泊水质均为劣Ⅴ类，局部水域污染状况还十分严重，生态功能严重退化，水体功能达不到规划目标要求。

2. 水系渠道淤积严重，过流能力不足

大东湖水系所含的港渠多年久失修，淤积严重，严重影响了过流能力，对河湖连通性造成不良影响。前期的地质调查发现，大东湖水系港渠存在不同程度的淤积。青山港历史上是东湖北上通江河流，后逐步演化为港渠，调查发现，青山港年久失修，渠内淤积严重，一般地段淤积 30～60cm，局部地段达 120cm，且杂草丛生；新东湖港—杨春湖段现淤积严重，长满水草；沙湖港是沙湖东北方位的主要港渠，长 8.50km，北起点为友谊大道至沙湖，现港渠宽 15～100m，部分渠道存在狭窄或淤塞的问题，有的渠道甚至断流，被填为菜地。

3. 江湖阻隔，湖湖阻隔，连通性不足

历史上大东湖水系与长江相连，由于长江大堤的修建等原因，大东湖通江水系受阻而逐步渠道化，形成了江湖阻隔之势，河湖之间的连通性减弱。长江与湖泊的水体交流是江湖之间生物和物质交流的基础，江湖水位的周期性涨落，是鱼类、鸟类及湿地生态环境保持健康状态的重要条件。江湖阻隔格局形成，直接导致阻隔湖泊湿地功能和生物多样性衰退，进而对长江流域的生态、防洪、饮水造成威胁，由此加剧一系列生态环境与社会冲突。

自 20 世纪 60 年代以来，湖泊围垦以及城市的发展等导致湖泊萎缩面积达 32％，原本连通的湖泊分隔为几个孤立封闭的小湖泊，湖与湖之间的连通性减弱，湖泊生境条件恶化。区内湖泊自江湖阻隔以来便失去了随长江水位涨落而进行水体自然频繁交换的条件，现有功能单一，主要作为暴雨调蓄区，只存在单一的排水出口而基本没有外界水体纳入。比如东湖，只有西北角新沟渠唯一排水通道，西部水果湖、南部官桥湖、东部团湖和后湖、北部汤菱湖等绝大部分区域水体为封闭水域。加之平原水网区地形平坦，坡降较小，封闭水体流动性不足。在人类活动密集的近岸区域，水体基本成了生产生活、雨污水甚至城市垃圾的受纳体，流动性极差，导致水体污染不断加重，水体变黑变臭，严重影响周围自然环境和公众的生活环境质量。

经上述分析可知，连通工程的主体功能为水生态环境保护修复类，兼顾防洪减灾功能。

（二）水网连通工程规划设计

为解决上述问题，2009 年，《武汉市"大东湖"生态水网构建总体方案》获国家发展和改革委员会批复，该规划方案给了东湖水环境治理以顶层设计。"大东湖"水网连通工程主要包括引水工程，港渠工程，渠系建筑物等工程，在考虑防洪排涝功能基础上，构建大东湖水网工程，将东湖、沙湖、北湖、杨春湖、严东湖、严西湖 6 个湖泊贯通，实现湖泊之间的有机联系，改善湖泊河网水体流动性。项目水网连通的主要目标是恢复湖与湖、江与湖之间的连通。连通方案要满足生态引水需求，尽可能自流引水、利用原有通道，节约投资。

根据现有港渠连通情况，"大东湖"区域内具备可供利用的现有港渠通道，以实现江湖连通的进水口 4 处，自上而下为：曾家巷进水闸、罗家港闸站、青山港进水闸、武惠闸。

规划阶段根据实际的水系、地形等现状，提出三种引水线路，以湖泊水环境数学模型为手段，建立大东湖二维水动力模型和水质模型，对三种不同的引水方案下主要湖泊的水质指标演变进行模拟，结合拆迁面积、水系本底情况等社会经济因素，综合对比后确定了如下水系连通方案：新建青山港进水闸自流引水，新建曾家巷泵站补水。主流方向为西进东出：长江→青山港进水闸→青山港→东湖港→东湖→九峰渠→严西湖→北湖→北湖大港→北湖泵站→长江。"大东湖"生态水网连通示意图如图4-3所示，工程布置图如图4-4所示。

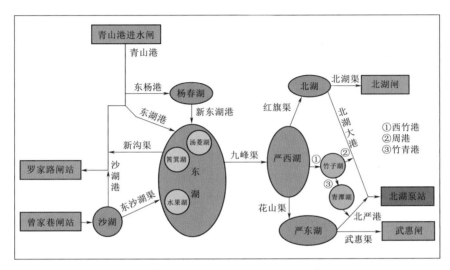

图4-3　"大东湖"生态水网连通示意图

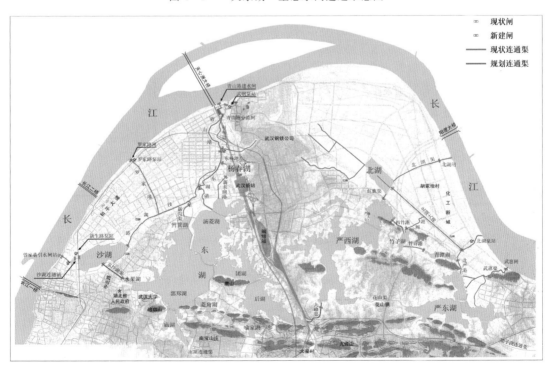

图4-4　"大东湖"生态，水网连通工程布置图

在引水线路水质模拟分析比较的基础上，对优选方案的引水规模作进一步的模拟分析，量化分析引水流量的变化对各湖泊水质指标的影响程度，综合考虑经济因素等，确定合适的引水规模。

主要建设内容包括：①污染控制工程，包括集中点源污染控制工程、分散污水收集处理工程、污水处理厂污泥处置、城市面源控制工程和农业面源控制工程；②生态修复工程，包括水域内、湖滨带和汇水区生态修复工程；③水网连通工程，包括新、改建港渠18条，总长49.21km，新、改建新东湖闸、东湖闸等18座港渠交叉建筑物，其中船闸3座，节制闸15座，扩建罗家路泵站、改造北湖泵站。

水网连通工程的功能如下：

（1）引江济湖，恢复江湖联系。新建青山港进水闸、曾家巷进水闸以及曾家巷泵站，建立闸口生态调度，重建阻隔湖泊的江湖联系，增加区域水资源的供给，加快湖泊水体循环，改善水环境。为水生动植物生长创造良好环境，促进水生动植物的自然恢复。

（2）湖泊连通，完善水网系统。新建东沙湖渠连通东湖、沙湖，新开新东湖港连通东湖、杨春湖，新开九峰渠连通东湖、严西湖，新建花山渠（远期项目）连通严西湖、严东湖，实现湖泊之间的有机联系，改善湖泊河网水体流动性。

（3）增容疏港，提高城市排涝能力。目前，大东湖区域除沙湖汇水区外排能力已达标外，其他汇水区排涝能力均不足，规划在东沙湖水系扩建罗家路泵站（已计入亚行贷款项目），北湖水系扩建北湖泵站，扩建整治青山港、东湖港等现有排涝港渠15条，完善区域排涝工程体系，提高区域排涝能力。同时，清淤疏浚可进一步改善水系的纵向连通性。

（4）建设城市水文化。水网工程满足城市空间规划、生态规划和旅游资源的开发利用，新建、扩建的连通渠道为多功能复合型渠道，可满足区域排涝（渍）、引水、生态廊道和水上旅游线路的要求建设，改善城市景观，提升武汉市的整体形象。

（三）治理效果

水网连通工程新建、扩建的连通渠道为多功能复合型渠道，可满足区域排涝（渍）、引水、生态廊道和水上旅游线路的要求建设，改善城市景观。2021年年初，全长2.16km九峰渠全线贯通，它的贯通标志东湖和严西湖正式连通。截至2021年5月，大东湖水网连通工程完成了东沙连通渠（楚河）、九峰渠（图4-5）、花山渠等新建连通渠工程，并对青山港、东湖港、罗家港、东杨港等港渠进行了疏浚及环境整治，仅青山引水口工程未实施。

图4-5　九峰渠连通渠航拍图

工程通过清淤、闸坝生态调度、新建连通渠道等措施，有效地改善了江湖之间、湖湖之间的纵向连通性。

结合其他截污措施，目前大东湖水系内各湖泊水质得到有效改善。治理前，大东湖区域主要湖泊水质多为劣Ⅴ类，东湖水质在Ⅴ类和劣Ⅴ类之间徘徊。治理之后，主要湖泊，如东湖、严西湖、严东湖的水质稳定在Ⅳ类以上。其中东湖水质近两年开始稳定保持在Ⅲ类水平，已经达到人体可以直接接触的水平。2020年10月，武汉水上马拉松比赛在东湖的子湖——郭郑湖水域举行，上百名游泳健儿在东湖一展风采，东湖成了真正的幸福河湖。

二、湖北省"一江三河"水系综合治理工程

（一）项目背景

湖北省"一江三河"水资源配置工程地处江汉平原腹地，位于汉江以北，京山市、孝昌县以南，黄陂区滠水以西的地区，属于典型的平原水网区。其中，"一江"指汉江，"三河"指汉北河、天门河、府澴河。项目区是长江经济带与汉江经济带交汇区，是湖北省经济发展的重要区域，以湖北省5%的国土面积，承载了14%的人口。该区域既是湖北省重要的工业基地，也是重要的粮、棉、油生产基地。

当前，区域水系主要存在下述问题：

（1）区域水资源匮乏。该地区多年平均年降水量950~1200mm，年径流深330~420mm，均位于湖北省平均水平以下，属于水资源相对较缺乏地区。项目区人均水资源量仅694m³，远低于湖北全省人均水平（1658m³），属于水资源相对较缺乏地区。依据近年来实际年供用水调查资料，项目区水资源开发利用程度为25%左右，由于项目区为典型平原区地形，不具备兴建蓄水工程条件，当地水资源难以继续挖潜，利用汉江水量与当地河湖连通是解决当地水资源短缺问题的有效途径。随着工业化和城镇化的大力推进，汉北地区进入快速发展期。据分析，在充分利用当地水资源条件的基础上，同时开展节水型社会建设，项目区生活用水及工农业用水仍存在不小的缺口。

（2）主要河湖的水质较差。汉北区域是重要的工农业生产区，但区域内主要河湖的水质较差，水质等级在Ⅳ~Ⅴ类之间徘徊，部分河湖枯水期水质甚至达到劣Ⅴ类。近几年，区域内仙桃市等地方政府开展了大量截污控源工作，现状生活污水、工业污水、养殖业污水等外源污染物得到极大程度地削减。但由于河湖内源污染的存在，加之河湖现状水环境容量低，已经存在的水体污染物得不到有效稀释，现状主要河湖污染状况仍不乐观，亟须引入汉江客水来增加区域水环境容量，通过河湖水系连通改善区域水动力条件，通过内源治理进一步地改善河湖水环境状况。

（3）区域还存在河流生态流量不足的问题。保障生态流量以提供一定的环境容量，是维持和改善水质的基础性、前置性条件。但由于区域自产水量不足及上游闸坝拦截等原因，下游区域断流情况时有发生，生态流量不足。经初步统计，汉北河多年平均断流天数5.6d以上，其中1966年、1967年、1973年、2003年等年份，断流天数均超过了20d；府澴河多年平均每年断流5d，其中1978年、1979年、1992年、1999年、2011年、2012年、2013年等年份，断流天数均达到了30d以上。天门河由于上游来水不足，为保障汉北河生产生态需水，渠首防洪闸常年处于关闭状态，导致天门河绝大部分时段处于断流状态。

经上述分析可知，一江三河水系连通工程的主体功能为水资源配置类，兼顾水生态环境保护修复类。

（二）水系连通工程规划设计

水系连通的目标是恢复河与湖之间的连通。连通方案要满足生态引水需求，尽可能自流引水，尽量利用原有通道，以节约投资。基于水资源配置与水生态环境保护修复的主体功能，规划首先对项目区水资源供需水量进行了分析。首先分析项目区的水资源需水量，包括河道内需水与河道外需水。一方面，利用 MIKE11 搭建"一江三河"地区河湖水系一维水动力水质模型，统筹协调骨干河道、湖泊以及乡村河道的水量平衡关系，以河网控制断面全年水质达标率超过 80% 作为判定标准，最终确定"一江三河"地区河湖水系河道内水环境需水；另一方面，采用定额法对河道外生活、生产和生态环境需水进行估算。在需水分析的基础上，对现状水利工程的可供水量进行分析。根据供需水量平衡原理确定区域合理引水流量规模。

工程总引水闸为罗汉寺闸，设计引水流量为 $136m^3/s$。主要连通线路如图 4-6 所示，一江三河水系连通工程布置图如图 4-8 所示。

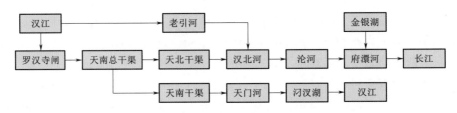

图 4-6 一江三河水系连通线路示意图

主要建设内容包括：① 水系连通工程。包括新建连通渠 61.72km，整治连通渠 450.38km。配套新建泵站 8 座、涵闸 44 座、絮凝沉淀池 2 座，更新改造涵闸 13 座。② 河道治理工程。对 13 条水质较差的河流进行生态清淤、滨岸带建设等。③ 湖泊整治工程。对项目区重点湖泊实施生态岸线整治、清淤清障、湖汊自然湿地修复、滨岸带环境提升等措施的整治工程。目前，项目处于可研阶段，尚未实施。

水网连通工程的功能如下：

（1）通过引江济湖，保障湖泊生态水位。通过汉江引水，增加一江三湖水系水资源供给，从而提升河湖的生态水位保障能力，为水生动植物生长创造良好环境，促进水生动植物的自然恢复。改善河湖生态系统。

（2）通过水系连通、生态清淤，改善河湖纵向连通性，提升水系水质。通过水系连通通道的建设，将阻隔的湖泊与河湖水系相互连接，改善区域河湖水系水动力条件；通过生态清淤，治理河湖内源污染；从而有效提升河湖水系自我净化能力，改善河湖水系水质。

（3）滨岸带修复，提升水系垂向连通性，改善岸线景观。项目对城镇段河流岸线进行滨岸带修复，在减少水土流失提升垂向连通性以及尊重原有空间和原生形态的基础上进行生态改造提升，营造生态绿色的滨水环境。图 4-7 展示了府河武汉城区段治理效果。

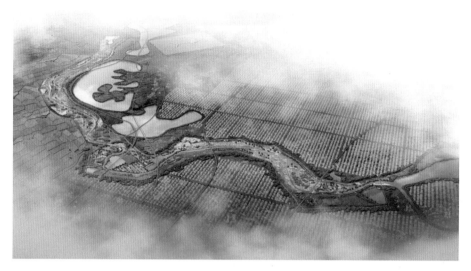

图 4-7 府河武汉城区段治理效果图

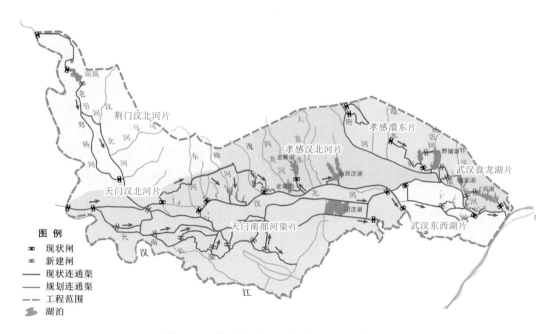

图 4-8 "一江三河"水系连通工程布置图

三、东坝港水系连通工程

(一)项目背景

1. 工程概况

东坝港位于武汉市江夏区,为连通汤逊湖与牛山湖(梁子湖)的人工河,河道建于20

世纪 60 年代末期，是汤逊湖的排水通道。上游汤逊湖横跨江夏、洪山和东湖新科技开发区 3 个区。汤逊湖水系由汤逊湖、黄家湖、南湖、青菱湖、野芷湖、野湖和江夏区的神山湖、郭家湖、道士湖、西湖等 11 个湖泊组成，总承雨面积 470km²。下游牛山湖位于江夏区五里界镇及东湖新科技开发区流芳街，属梁子湖水系，水面面积 46.51 km²。20 世纪 70 年代为发展渔业，在牛山湖湖汊修建了牛山湖大堤，2016 年爆破牛山湖大堤，牛山湖永久性退垸还湖，重回梁子湖的怀抱。

2. 水系概况

汤逊湖水系流域范围为 423.8km²，区内调蓄湖泊有汤逊湖、南湖、野芷湖、黄家湖、青菱湖等湖泊，并有巡司河、青菱河连接各湖泊和长江。在青菱河长江口建有汤逊湖泵站（设计规模 142.5m³/s）和陈家山闸，巡司河长江口建有解放闸，在青菱湖出口、黄家湖出口分别有节制闸控制。非汛期雨水由陈家山闸和解放闸自排出江；汛期雨水入湖调蓄，并由汤逊湖泵站抽排出江。2016 年在武金堤路以东新建江南泵站，排南湖片区渍水，排水规模为 150m³/s，可与汤逊湖泵站同时发挥作用。

梁子湖流域面积 3265km²，现有湖泊水面 370km²。梁子湖流域内主要涉及梁子湖、鸭儿湖、三山湖、保安湖四大湖泊水系，本次工程只涉及梁子湖水系。

梁子湖水系位于流域西南部，跨鄂州、武汉、咸宁三市，承雨面积 2085km²，由牛山湖、猪羊湖、四海湖、张桥湖等湖泊组成，湖面面积 314.12km²。梁子湖有高桥河、金牛港、谢埠河等大小支流入汇，地表径流汇入湖泊经调蓄后，于东部磨刀矶流入长港，经樊口大闸或泵站排入长江。

3. 工程建设背景

东坝河位于武汉市江夏区，为 1969 年建设的人工港渠工程，连通汤逊湖与牛山湖（梁子湖）。1969 年 6—8 月区域遭遇强降雨，渍涝成灾，是年冬，为解决区域内涝问题，由洪山区和武昌县成立联合指挥部，动工新建汤逊湖与梁子湖沟通工程——东坝河，开挖港渠 5km，建东坝闸 1 座。河道起于汤逊湖庙山和藏龙岛之间湖叉，止于牛山湖湖叉马场咀，现状河底宽约 10m。

东坝河工程建成后，由于下游牛山湖渔业发展迅速，上游汤逊湖水质恶化，渠道维护力度不够等多重原因影响，导致东坝河丧失了由汤逊湖向梁子湖的排水功能。现状河道在与 S101 省道交界处有东坝闸及堤梗阻隔，两岸降雨汇水以东坝闸分界分别向汤逊湖及梁子湖排出。

随着武汉市城市建设的逐步发展，汤逊湖周边已从农村区转化为了建成区，区域周边人口集聚、产业发达。但是防洪、排涝、治污等基础设施建设相对滞后，尤其是面对超标准洪水的对策措施建设存在短板，致使 2016 年区域遭受强降雨后，汤逊湖流域内涝严重，多处渍水，南湖、光谷等多片区被涝水围困，交通中断数日。为缓解汤逊湖周边防洪排涝压力，武汉市防汛指挥部临时疏挖了东坝河，将汤逊湖部分涝水排至牛山湖，应急临时工程虽一定程度上缓解汤逊湖周边区域的排水压力，但受东坝河现有河道过流能力限制，实际减灾收效甚微。

2016 年灾后，武汉市快速启动了东坝河综合整治灾后重建项目，要求东坝河综合整治工程要结合区域"四水共治"，综合解决区域水问题。通过汤逊湖与梁子湖连通通道建

设，有效应对汤逊湖流域超标准洪水，同时可利用梁子湖优越的水资源改善汤逊湖的水环境质量，加强梁子湖备用水源通道建设。

4. 工程建设的必要性

（1）提高周边区域排涝能力，应对城市超标洪水的需要。汤逊湖流域北部南湖、野芷湖汇水区以及东部光谷片区位于主城区，人口密集、经济高速发展。西部、南部城市建设正在如火如荼地开展，近岸湖汊周边多为在建别墅群、居住区，青菱湖、黄家湖、野湖湖群，周边也正在开展大规模的开发建设。

随着汤逊湖周边的迅速发展，区域的受灾损失持续较大，短时淹水也将造成周边生产生活的瘫痪，防洪排水需求逐步提高，而现在沿用农排体系已不能满足片区的发展要求。虽然巡司河二通道、江南泵站等区域重点排水工程已相继开工，能一定程度上缓解区域的排水压力，但其主要解决的为主城区南湖以西的标准内降雨排水问题。当汤逊湖遭遇超标准洪水，湖泊水位将持续上涨时，汤逊湖的排涝通道仍显不足，超标准降雨给周边区域带来的洪渍涝灾害仍不能得到有效应对。亟待打通汤逊湖向梁子湖的排水通道，综合整治东坝河，以提高周边区域排涝能力，应对城市超标洪水。

（2）提高水环境承载力，改善区域水环境质量的需要。随着周边城市居民的聚集，新建小区的逐渐增加，城市发展与水环境承载力间的矛盾越演越烈。2001年至今，汤逊湖周边相继建设了汤逊湖、龙王嘴、黄家湖、纸坊4座污水处理厂，并对汤逊湖38个排污口实施清水入湖截污工程。目前湖泊周边的污水处理厂虽已建成，但由于配套市政管网建设滞后，污水收集率低，湖泊污水（雨污合流）排口难以实现全面截污，大量污水未经处理或未达标准直排入湖，加上城市面源、湖泊底泥释放等影响，汤逊湖现状水质为Ⅳ～Ⅴ类，并仍呈现恶化趋势，超标污染物主要是化学需氧量、氨氮、总磷、总氮。湖泊整体处于中营养状态，并呈轻度富营养化趋势。亟待通过东坝河综合整治工程建设，打通梁子湖与汤逊湖的连通通道，将梁子湖优越的水资源引入汤逊湖，增加区域水体流动性，提高汤逊湖的水环境承载力。

（3）改善周边水生态环境，支撑周边城市发展的需要。东坝河上游汤逊湖流域城市发展迅速。2019年10月我国首次承办的第七届世界军人运动会在武汉举办，为迎接军运会顺利召开，武汉市启动了军人运动会体育馆、军运村、新闻中心等多项军运会配套工程。黄家湖军运村和新闻中心项目即为武汉市为迎接军运会而推进的重点项目之一。项目坐落于黄家湖东岸，东临黄家湖大道，西与大学城隔湖相望，北临三环线，规划总用地面积30hm²，建筑面积约6.3万m²。再加上东部黄家湖、青菱湖区域青菱工业园的发展建设，东北部光谷片区的飞速发展，都需要加强区域水生态环境建设，提高河湖的综合服务功能。东坝河综合整治工程集防洪排水、引水连通、生态维护等多种功能为一身，工程实施后可形成汤逊湖与梁子湖间的水生态廊道，有效改善汤逊湖流域的水生态环境，支撑周边城市建设发展。

（4）促进片区生态水网建设，加快水生态文明进展的需要。武汉市水系发育、河湖众多，全市水生态文明建设的目标之一即通过优化和调整武汉市河湖水系格局，构建生态水网，使全市的水资源统筹调配能力、供水安全保障能力、防洪除涝减灾能力、水生态环境保护能力得到明显提高。东坝河综合整治工程建设是武昌—江夏片区生态水网建设的一部分，其与大东湖生态水网建设将共同构成武昌江夏片区环形生态大水网，形成江南"深蓝水链"，助力武汉市水生态文明和世界"湖泊名城"建设。

（二）水系连通工程规划设计

1. 功能分析

根据《武汉市水生态系统保护与修复规划》《武汉市水生态文明建设规划》等相关上位规划，结合东坝河现有功能，东坝河沿线区域发展定位，确定东坝河规划功能定位如下：

（1）防洪排水功能。东坝河现有功能为两岸排水通道。中间有东坝闸及堤梗阻隔，排水方向为由东坝闸分界分别向汤逊湖及梁子湖排水。

水系连通后，东坝河仍承担着周边区域的排水任务。同时在汤逊湖流域遭遇超标准洪水时，为汤逊湖流域提供应急排涝通道，涝水排入梁子湖错峰，减轻极端暴雨给城市带来的洪涝灾害。梁子湖流域遭遇大水时，在不增加汤逊湖排水压力的前提下，可排水入汤逊湖，通过汤逊湖泵站、江南泵站排入长江，增加梁子湖排水通道，减轻梁子湖防洪压力。

（2）引水连通功能。东坝河为武汉市武昌—江夏片区生态水网建设的一部分，通过东坝河连通梁子湖与汤逊湖，可增加梁子湖与汤逊湖水体的有机联系，增加水体流动性，利用梁子湖优越的水资源条件改善汤逊湖的水环境质量，恢复汤逊湖备用水源地功能，在必要时承担由梁子湖引水至汤逊湖向片区自来水水厂供水的功能。

（3）生态维护功能。东坝河周边为武汉市规划生态底线区，通过生态廊道建设，为动植物提供适宜的繁衍栖息地，维护区域生态框架完整，确保生态安全。同时在自然景观中适当建设亲水休闲设施，满足公众亲水休憩诉求，促进人水和谐。

（4）航运旅游功能。东坝河连接梁子湖与汤逊湖，区域自然资源禀赋优越。梁子湖生态旅游发展迅速，梁子岛旅游区、梁子湖捕鱼旅游节等充分发挥了区域滨水旅游资源的优势和水上旅游的特色；汤逊湖周边城市发展迅速，高楼林立，高新企业云集，有着巨大的旅游市场需求。两湖连通后，东坝河可串联两湖优势旅游资源，开发水上旅游线路，打造武汉市城市新名片。

2. 设计思路

武汉市水系发育、河湖众多，全市水生态文明建设的目标之一即通过优化和调整武汉市河湖水系格局，构建生态水网，使全市的水资源统筹调配能力、供水安全保障能力、防洪除涝减灾能力、水生态环境保护能力得到明显提高。

汤逊湖流域北部南湖、野芷湖汇水区以及东部光谷片区位于主城区，发展迅速，防洪排水需求逐步提高，而现在沿用农排体系已不能满足片区的发展要求。巡司河二通道、江南泵站等区域重点排水工程虽已相继开工，但当汤逊湖遭遇超标准洪水，汤逊湖的排涝通道仍显不足，超标准降雨给周边区域带来的洪渍涝害仍不能得到有效应对。亟待打通汤逊湖向梁子湖的排水通道，综合整治东坝港，以提高周边区域排涝能力，应对城市超标洪水。

汤逊湖周边污水处理厂虽已建成，但由于配套市政管网建设滞后，污水收集率低，湖泊污水（雨污合流）排口难以实现全面截污，大量污水未经处理或未达标准直排入湖，加上城市面源、湖泊底泥释放等影响，汤逊湖湖泊现状水质为Ⅳ～Ⅴ类，并仍呈现恶化趋势。亟待通过东坝港综合整治工程建设，打通梁子湖与汤逊湖的连通通道，将梁子湖优越的水资源引入汤逊湖，增加区域水体流动性，提高汤逊湖的水环境承载力。

东坝港上游汤逊湖流域城市发展迅速，东坝港综合整治工程集防洪排水、引水连通、生态维护等多种功能为一身，工程实施后可形成汤逊湖与梁子湖间的水生态廊道，有效改善汤逊湖流域的水生态环境，支撑周边城市建设发展。

3. 建设任务

为满足东坝河的功能需求，实现有效应对汤逊湖流域超标准洪水、改善汤逊湖的水环境质量、打通梁子湖备用水源通道、形成水上旅游通道的建设目标，本次东坝河综合整治工程拟定提高极端暴雨应对能力、改善水环境、营造生态景观带、打通水上旅游交通四项建设任务。

（1）提高极端暴雨应对能力。为减轻汤逊湖流域遭遇极端暴雨给城市带来的洪涝损失，实现由汤逊湖向梁子湖排水；同时利用城市快排系统排水时间短、外排能力大的特点，减轻梁子湖汛期防洪压力，疏挖扩建东坝河5.65km，拆除重建东坝河闸，保证港渠双向流动。应对标准内降雨时保证分区排水，降低汤逊湖水质较差水体对梁子湖Ⅱ类水体的影响。

（2）改善水环境。为构建汤逊湖流域生态水网建设创造引水条件，改善汤逊湖流域水环境质量，新建东坝河泵站工程，将梁子湖的优良水资源引入汤逊湖水系，增加区域水体流动性，加大汤逊湖水环境承载力，支撑区域经济社会发展。

（3）营造生态景观带。在截污控污的前提下，通过河道疏浚、岸线治理、岸边带生态景观建设、水生植物修复等工程建设，改善东坝河沿线生态环境，打造区域水生态廊道，满足公众亲水诉求。

（4）打通水上旅游交通。新建东坝河船闸，打通水上旅游线路，串联两湖优势旅游资源。结合区域市政交通、两岸生态景观、区域旅游和现状周边农业生产需求，建设人行桥3座，重建省道S101市政交通桥，右岸建设绿道2km，构建通畅、便捷的市政及人行交通网，满足周边居民的生产、生活及水上旅游的要求。

4. 水系连通方案

在《武汉市"大东湖"生态水网构建总体方案》中，已有将汤逊湖水系和梁子湖水系连通的远期设想。《武汉市水生态文明建设规划》中也提出了通过东坝港连通汤逊湖和梁子湖，实现区域水系连通。考虑到汤逊湖区域现状面临的问题及需求，根据汤逊湖水系所在区域地形地质条件、经济社会发展状况、外部水系格局以及各连通湖泊之间的水质、生态需求情况，规划整治东坝港，从梁子湖引水入汤逊湖，连通汤逊湖—野芒湖—南湖，一部分水通过青菱河经陈家山闸（或汤逊湖泵站）排入长江，另一部分水经南湖由巡司河解放闸入长江或由巡司河二通道自排闸（或江南泵站）入长江，如图4-9所示。

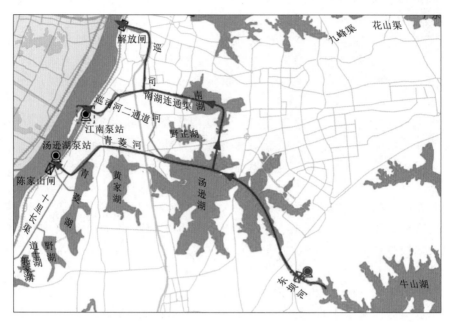

图 4-9 东坝港水系连通工程示意图

5. 水系连通设计内容

为减轻汤逊湖流域遭遇极端暴雨给城市带来的洪涝损失，实现由汤逊湖向梁子湖排水；同时利用城市快排系统排水时间短、外排能力大的特点，减轻梁子湖汛期防洪压力，疏挖扩建东坝港 5.65km，拆除重建东坝港闸，保证港渠双向流动。应对标准内降雨时保证分区排水，降低汤逊湖水质较差水体对梁子湖Ⅱ类水体的影响。

为构建汤逊湖流域生态水网建设创造引水条件，改善汤逊湖流域水环境质量，新建东坝港泵站工程，将梁子湖的优良水资源引入汤逊湖水系，增加区域水体流动性，加大汤逊湖水环境承载力，支撑区域经济社会发展。在截污控污的前提下，通过河道疏浚、岸线治理、岸边带生态景观建设、水生植物修复等工程建设，改善东坝港沿线生态环境，打造区域水生态廊道，满足公众亲水诉求。新建东坝港船闸，打通水上旅游线路，串联两湖优势旅游资源。结合区域市政交通、两岸生态景观、区域旅游和现状周边农业生产需求，建设人行桥 3 座，重建省道 S101 市政交通桥，右岸建设绿道 2km，构建通畅、便捷的市政及人行交通网，满足周边居民的生产、生活及水上旅游的要求。

（三）工程效果

东坝港综合整治工程建设是武昌—江夏片区生态水网建设的一部分，其与大东湖生态水网建设将共同构成武昌—江夏片区环形生态大水网，工程建设后，能有效提升汤逊湖片区防洪排水能力，应对汤逊湖流域百年一遇设计暴雨，确保汤逊湖不超过最高控制水位；东坝港的开通实现梁子湖与汤逊湖连通，年引水总量 2.1 亿 m³，汤逊湖水质可达到Ⅲ类标准，实现汤逊湖环境大幅改善；构建了汤逊湖—梁子湖水上旅游通道，形成江南"深蓝水链"，助力武汉市水生态文明和世界"湖泊名城"建设（图 4-10、图 4-11）。

图 4-10　东坝港综合整治工程效果图 I

图 4-11　东坝港水泵连通工程效果图 II

第五章　河湖滨岸带生态修复技术

河湖是地表景观中一种基于自然地理中的要素，为区域空间提供重要的水源保证和物资运输通道，增加景观的多样性。本章从河流廊道概念、功能以及生境系统的构建等方面进行了阐述，结合海绵型城市建设对河湖岸带建设原则、目标以及防护技术进行了总结，并结合武汉、黄石等城市河湖的滨水岸线设计和廊道建设对滨岸带生态修复技术进行了实践和探讨。

第一节　河流廊道构建技术

一、河流廊道概念

从景观生态学的角度来看，河流是地表景观中一种基于自然地理中的要素，是重要的生态廊道之一，而河流廊道作为一个整体不仅发挥着重要的生态功能，如栖息地、通道、过滤、屏障、源和汇的作用，而且为区域空间提供重要的水源保证和物资运输通道，增加景观的多样性。河流廊道即蓝道，它不仅指河流的水面部分，还包括河岸带防护林、河漫滩植被。蓝道除了是重要的输送通道，在迁徙和输送方面也具有城市其他廊道无法替代的作用。

同时，河流廊道在景观元素中起到多种功能叠加效果，其本身廊道功能的正常发挥不仅与其界面宽度、河道连接度以及河网密度等结构特征有关，反向河流廊道的强度、范围、功能变化都会对城市景观的生态带来不同影响，不同的河流廊道宽度也正好适用于某种特定性质下的空间尺度，廊道整合了周边自然与人类的行为活动。单纯谈廊道本身没有任何意义，必须要结合空间尺度来具体分析。从实地调研及场地出发，深入河道所在基址及环境关系，不能将其仅仅停留在学术研究的层面，而是要将主要重点放在对其河流空间格局的研究上，以相对容易并具有很强的操作实用性为设计前提，在尺度不同的设计中构筑城市河道适宜宽度的内外部闭环连通性。

二、河流廊道功能

河流廊道不单单是一种物质传输通道，在横向、纵向扩展面和连接面上有着极其重要的自然功能与社会功能。

1. 自然功能

河流的自然功能是具有双向反馈调节机制的，以实现区域自然物质流、能量流的双循环，主要是以显性方式呈现其廊道功能。

河流廊道具备以下自然功能：

（1）气候功能。河岸植被带对改善城市热岛效应，和局部小气候质量具有重要作用。河流植被通过蒸腾作用使周围的小气候变舒适，提供阴凉和防风的环境。

（2）防护功能。由于河流生境类型的多样化，河岸植被成为维持和建设城市生态多样性的重要"基地"。河岸植被对控制水土流失、净化水质、消除噪声和控制污染等都有着许多明显的环境效益。

（3）物质功能。随着时空的变化，水、物质和能量在城市河流内发生相互作用。这种作用提供了维持生命所必需的功能，如养分循环、径流污染物的过滤和吸收、地下水补给、保持河流流量等。

（4）防洪功能。对于河岸空间而言，河流的防洪功能是最重要的。对于城市而言，我国每个滨河城市都制定城市防洪工程规划，并将其作为城市总体规划的重要组成部分。而河岸植被带对防洪起着不可磨灭的作用。

2. 社会功能

河流廊道在城市空间下具备相应的社会功能，主要以印证城市人文景观、城市遗产景观、城市经济指标等隐形功能。

河流廊道在城市空间下具备以下社会功能：

（1）景观廊道功能。城市河流可以提供滨河公园、紧急疏散道路等场所。在城市河流的景观廊道功能中，亲水功能尤其重要，它体现了城市居民对空气清新的滨河空间的需求。此外，城市河流还提供了绿色休闲通道，是环境幽雅的休闲空间。

（2）遗产廊道功能。河流的历史往往反映了城市的历史。城市河岸地区往往坐落着城市的历史性建筑或者名胜古迹，是历史悠久的地段，是城市历史遗产的重要组成。

（3）经济廊道功能。城市河岸已经成为带动城市经济发展的重要空间，其滨水住宅、旅游休闲场所、娱乐文化场所对促进河岸地区乃至整个城市的经济起到了重要的作用。

三、河流廊道影响

河流从原始自然做功形成出蜿蜒河道岸线到后期城镇更新、市政水利工程改造等措施的叠加，从河流本身而言既是天然的运动过程，也是人为规划设计出的成果。

河流廊道从河流形态与功能的转变引申到河流廊道的转变，其中不能一味地强调说人工改造有利，也不能说要"大脚革命"重塑自然为优，因为自然的变化有着不为人力所控制的因素，人不能改变自然，只能适应与改造它，不能矫枉过正，要因地制宜，正如德国首先提出的"近自然型河流"概念和"自然型护坡"技术的应用就是此意。

就目前而言，从景观角度出发，河流廊道影响着景观尺度、植被生态效应、生态堤岸三个方面。

（1）景观尺度。河流廊道这种大跨尺度的概念影响，需要从河流景观小、中、大三个尺度上进行影响分析。

小尺度的河流景观主要由河道、堤防和河岸植被所组成，河流廊道影响着景观环境规划设计，需要同时考虑河流的多种功能，从安全性、经济性、生态性、观赏性、亲水性、文化性等多方面研究城市河流景观的综合效果。

中尺度河流景观可以是整个区域范围内所有河流的分布格局及生态效应的研究，区域应该包括城市的市区、郊区和郊外多部分。从河流廊道在这个尺度上的影响会将全区域的河流作为一个整体，运用景观生态学及其他相关学科的知识和方法，进行河流景观生态规划，调整或构建合理的河流景观格局。

大尺度的河流景观是在流域尺度上研究河流景观的特征和变化，着重通过流域内土地利用变化格局研究来分析流域的水土流失、人为干扰等情况。河流廊道从大尺度影响着流域景观的异质性、整体性以及协调性等区域景观的综合规划。

（2）植被生态效应。在河流廊道针对植被生态效应的研究中，主要以城市景观作为研究的大背景，影响着区域绿廊的生态效应与河岸植被带的规划、利用和保护。

（3）生态堤岸。河流廊道是在社会经济和科学技术发展的前提下，按照现代河流可持续发展思想强调河流生态系统管理提出新的概念，新的模式跟随形成。就是要恢复河流的自然属性，实现社会经济发展要与河流的自然生态功能相协调。

生态河堤以保护、创造生物良好的生存环境和自然景观为前提。在考虑强度、安全性和耐久性的同时，充分考虑生态效果，把河堤由过去的混凝土人工建筑改造成为水体和土体、植物体和生物相互涵养且适合生物生长的仿自然状态的护堤。生态护堤具有如下优点：①适合生物生存和繁衍；②增强水体自净作用；③调节水量、滞洪补枯等。

特别强调了河流廊道作为生态缓冲区的重要性，并且致力于通过湿地调研和试验来分析不同河流廊道开发利用情景方案对河流生态功能的影响程度。

四、构建河流生境系统

（一）河流生境概念

生境既包括大尺度的地域群落生境，也包括微观的特定生境。群落生境强调保护生物及其栖息场所，强调大面积的生物栖息环境的保护，而特定生境强调敏感区或敏感物种的生境保护，例如水源地生境保护、湿地生境保护和鸟类生境保护等。

生境是生物栖息、繁衍、迁徙的场所，保护和营造生态良好的生境，对生物多样性保育具有不可替代的作用。同时也是对物种或物种群体赖以生存的生态环境的总称，对于环境学而言生境又称栖息地，由生物和非生物因子综合形成，而生物出现的环境空间范围，一般指生物居住的地方，或是生物生活的生态地理环境。

（二）河流生境功能

河流生境涉及自然因素和人为因素的综合影响，具有独特的生态环境功能，是生境的重要组成部分。

其中，河流生境的功能包括：生物栖息功能、屏障功能、通道功能三个方面。

（1）生物栖息功能。栖息地是动植物（包括人类）能够正常的生存、生长、觅食、繁殖以及顺利完成生命循环周期的区域。它为生物和生物群落提供生命所必需的各种要素。

河流生境一般包括两种栖息地：内部栖息地和边缘栖息地。内部栖息地相对来说是更稳定的环境，生态系统可能会在较长的时期保持着相对稳定的状态。边缘地区是两个不同生态系统之间相互作用的重要地带。河流受到较强人为干扰，人为因素与自然因素相互作用，因此边缘栖息地在城市河流系统中占据十分重要的地位。边缘栖息地处于高度变化的环境梯度之中。与内部栖息地相比，边缘栖息地有更多样的物种构成和个体数量。边缘地区对内部地区起到了过滤缓冲的作用。边缘地区也是维持着大量动物和植物群系变化多样的地区。

（2）屏障功能。河流屏障功能主要是阻止能量、物质和生物运动的发生，或是起到过滤缓冲的作用，允许能量、物质和生物选择性的通过。合理管理和保护城市河流能够减少水体污染、最大程度地减少沉积物转移，是人类河岸土地利用、河流植物群落与少量野生动物生境之间的自然边界。

影响河流系统屏障功能的因素包括连通性和河道宽度。较宽的河道会提供更有效的过滤和屏障作用，进入河道的物质沿着河道被选择性的滤过。在整个流域内，物质在移动过程中被河流生境截获或是被选择性滤过。地下水和地表水的流动可以被植物的地下部分以及地上部分滤过。在这些情况下，河流边缘的形状是弯曲的还是笔直的将会成为影响过滤功能的最大因素。

（3）通道功能。通道功能指河道系统可以作为能量、物质和生物流动的通路。城市河道既可以作为横向通道也可以作为纵向通道，生物和非生物物质向各个方向移动。对于迁徙性野生动物或运动频繁的野生动物来说，河道既是栖息地又是通道。生物的迁徙促进了水生动物与水域发生相互作用。因此，连通性对于水生物种的移动十分重要。

河流是区域空间内植物分布和植物在新的地区扎根生长的重要通道。流动的水体可以长距离地运输和沉积植物种子；在洪水泛滥时期，一些成熟的植物可能也会被连根拔起、重新移位，并且会在新的地区重新沉积下来存活生长。野生动物在整个河道系统内的各个部分通过摄食植物种子或是携带植物种子而造成植物的重新分布。

结构合理的河道会优化沉积物进入河流的时间和供应量以达到改善沉积物运输的目的。宽广的、彼此相连接的河道可以起到一条大型通道的作用，使得水流沿着横向方向和河道的纵向方向都能进行流动。

（三）河流生境影响

对于河流生境系统而言，河流生境直接或间接影响着生境可达程度和生境可达价值。生境可达程度分为生境空间性和生境视觉性；生境可达价值分为生境连续性和生境舒适性。

从景观生态的观点来看：生境空间性是反映城市河流生境影响着河流周边开放状况和主要到达交通方式；生境视觉性是反映河流生境影响着河流及周边视野开放程度；生境连续性是反映城市河流生境影响着植被状况、亲水性和空间连续性；生境舒适性是反映城市河流生境影响着空间的舒适性和活动设施条件。

就整体而言，不论是从宏观角度来看廊道、斑块体系，还是从微观角度来看规划、景观体系，始终以易于落地的河流生境手段来主导生态空间设计。

五、构筑河流廊道-生境多维系统

（一）四廊合一的建设模式

通过绿廊、水廊、生物廊、景观廊四廊合一的建设模式，用微生物、动物、植物、人群的生境组合设置，构建水-陆两项自然基质的生态空间，解决了城市人口密集区域人水争地，城市绿地不足，生物栖息地匮乏的布置难题。

四廊合一的建设模式充分构筑起以江河湖库水域及岸边带为载体的公共开敞空间，是碧水清流的生态廊道、人亲近自然的共享廊道、水陆联动的发展廊道。

四廊合一建设将聚焦水环境治理、水生态保护与修复、水安全提升、景观与特色营造、游憩系统构建五方面的主要任务。

（二）廊-境系统的营造方式

综上所述，在廊道与生境总结的基础上根据城市河流建设进行思考，为了解决河道治理过程当中不能从单一层面进行考虑的需求，设计当中要进行多维度的思考和规划。其中能够落地的主要思考方式从构筑形式开始，主要包括乔木林带、地被落叶林带、挺水植物带、沉水植物带、浮水植物带，共五大河道生境系统。

在这五大系统中又融合生物系统，分别是飞禽类生境、陆生生物类生境、两栖类生境、水禽类生境、浮游生物类生境。正是利用多维生境构筑系统在河道中把两者结合起来做设计考虑。

整个设计分为四大模块，第一模块是河底部分。河底采用底泥清淤、淤泥置换、固化，微生物添加等措施进行底泥处理。同时运用底泥在河底进行地形重塑，在满足行洪安全的前提下，根据设计高层进行河底景观地形再造。

第二模块是边坡部分。根据河道边坡固坡要求的前提下，满足生态优先是城市河道构建生态廊道的主要思考方向，在边坡处理上运用降低开挖面高层，利用生态挡墙、格宾石笼、缓坡入水等生态工程措施，释放坡度比，增加生境宽度，同时也为廊道内动植物提供生存宽度。操作上在河底护脚部分采用堆石护脚（块径为 20～40cm，厚度为 30～50mm，宽度为1～3m），同时在生态工程措施上采用梯形多级空隙结构，在空隙中填充 10～30cm 的块石，为沉水植物和鱼虾类小型卵生类生物生境提供种植和产卵温床。

第三模块为边缘植物林带斑块的廊道构建。在此廊道宽度内延至边缘红线范围，跟城市绿地衔接。此廊道从边缘至内，分别构筑乔木林带（宽度 8～20m）、落叶及地被林带（宽度 6～10m），创造一种多空隙植物群落。外部边缘采用衰退期植物群落层，高大且干径在 20～50cm 的常绿及挂果类乡土乔木树种，同时使用具有景观及实用价值的植物群落，如香樟、多头香樟、悬铃木、垂柳、水杉、落羽杉、雪松、法桐、银杏、柚子、柑橘、女贞、杜英、苦楝、红果冬青、北美海棠、十大功劳等，增加上层乔木种类，此做法主要是为廊道中飞禽内生境系统提供筑巢栖息和觅食的场所，另一方面在不同的植物空间中增加鸟类食物来源，保证鸟类食物链基本完整，同时也为过往候鸟途中提供可短暂休憩的场所。中层种植蜜源型植物群落，昆虫作为城市野生鸟类的另一食物来源，除常见的观花乔木外，在中层栽种管理粗放的观花植物树种（诸葛菜、美丽月见草、大吴风草、含笑、月季、柳叶马鞭草、紫茉莉等），不仅有良好的廊道生境效果，能为昆虫类生境提供蜜源，也保证上层飞禽类生境的正常运转。底层防御型植物群落。主要是灌木和地被，采用叶大浓密、株型紧密的法国冬青、大叶黄杨、八角金盘、麦冬和带有皮刺或叶尖的枸骨、火棘等，用这些植物覆盖各类场地中的转角、空地、边缘，形成一个个低矮环境，为两栖类生境提供一个可以繁衍生息的场所，同时也为昆虫类和飞禽类生境提供预留空间。

第四模块为湿生植物群落（泽泻、睡莲、水葱、菖蒲、美人蕉、千屈菜、再力花、梭鱼草、慈姑等）。主要在挺水种植带和沉水植物带种植，为水禽类生境和浮游生物提供栖息地和食物来源。

整个城市河道生境的构筑在满足上述四大模块的前提下，还需要后期植被的管理和养护，防止水体富营养化和藻类污染暴发，岸上管理好雨污水分流，持续保持地表径流保持在Ⅲ类水体之上，保持良好的生境循环体系，同时在不同模块之间进行交互流动，只有保持健康的生态链体系才能达到完整的廊道循环，最终形成城市河道多维生境的美好景象。

（三）廊-境融合的系统影响

廊-境之间的融合是相辅相成所呈现的，从河流角度来看影响是非常广泛的，从宏观国土空间规划到中观城市规划再到微观城市设计及景观设计无不体现着巨大的融合体现。

目前，从河流廊-境多维系统来谈，针对河道系统影响可分为自然生态型、乡村型、城镇型、都市型四种类型。

自然生态型依托生态环境敏感性较高的河湖水系而建，河湖水系两侧主要为自然保护地、风景名胜区等，或为陡峭的山体，空间比较狭窄，难以开展游憩系统建设，但具有一定的景观、科普、水上游览价值的公共开敞空间。以保护生态为前提，通过修整土质人行通道等生态措施，适当构建人与自然和谐共生的游憩系统。

乡村型依托流经农村居民点的河湖水系而建，串联起乡村居民点、周边农田、山林等绿色开敞空间、重要人文节点，为人民群众提供农业灌溉、亲水游憩、健身休闲的公共开敞空间。

城镇型依托流经大都市中心城区之外其他城区的河湖水系而建，串联起各类绿色开敞空间，重要自然、人文、功能节点等，为人民群众提供亲水游憩、健身休闲的公共开敞空间。

都市型依托流经大都市中心城区的河湖水系，串联城市重要功能组团、各类绿色开敞空间、重要自然与人文节点等，为都市居民提供康体、休闲、游憩等滨水场所。

根据水资源优化配置，统筹山、水、林、田、湖、草系统治理，城市主要建设都市型生境廊道，重点推进治水、治城、治产相结合，打造宜居宜业宜游优质生活圈；其他城镇建设城镇型生境廊道，以水环境治理为重点，链接水系周边的各类公园（包括湿地、农业公园、森林公园等）、产业园系统共建共治，打造城镇居民安居乐业的美丽家园；湖北省广阔农村地区，主要建设乡村型生境廊道，围绕乡村振兴战略的实施，助力打造各具特色的生态宜居美丽村庄；水利风景区主要建设自然生态型生境廊道，以保护生态为前提，通过修整土质人行通道等生态措施，适当构建人与自然和谐共生的游憩系统。

第二节　河道生态景观营建技术

平原水网地区的河道生态景观设计，不是孤立地对某一景观元素或者某一部分进行单独、孤立的设计，必须将河道看成一个综合的整体，以实现整体的优化和河道的可持续发展。在满足防洪要求的前提下，营建一个舒适、安全、生态的滨河环境。深入挖掘地方文脉，以历史文化、生态文化和自然的地域肌理为设计本底，提取当地传统文化的元素，因地制宜规划布局，突出河道地方历史文化和地域特征。通过科学的总体布局，构建科学的蓝绿空间体系，构建全民共享的公共滨水空间，提升底蕴深厚的滨水文化氛围，提供便捷完善的滨水服务设施，塑造风貌协调的滨水景观区域，将河道滨岸带的防洪、游览观光、生态体验、经济发展等多功能融为一个有机的整体。

河道生态景观营建主要包括以下策略。

1. 空间策略——构建科学的蓝绿空间体系

河湖空间与城乡总体规划、国土空间规划等相关规划相衔接，基于现状平原水网的水系格局，科学梳理、修复、利用河湖水系网络。逐步恢复历史水系，合理增加水系连通，促进流域间水力联系、水资源配置，着力构建流域相济，多线连通、多层循环的沿河绿带，与河道相互触合，形成蓝绿空间体系。在河道和湖泊绿化控制线以内，将水岸与滨水绿地融合设计，开口线以上区域，因地制宜、灵活安排，使得岸坡与滨水绿带形成有机整体。

2. 共享策略——构建全民共享的公共滨水空间

通过在河道两侧划定一定宽度绿带，确定滨水空间的公共属性。滨水绿带是公园绿地系统的重要组成部分，是重要的市民休闲活动场所。要保障滨水空间公共性的目标，构建全民共享、连续贯通的水岸空间。运用更新的理念进一步加强滨水空间的公共性，强化滨水建设用地的开放性，构建水城共融的公共休闲空间，进一步加强河湖绿色空间的丰富性、趣味性、便利性。以"精致、多样"为原则，每隔一段距离设置公园，广场、绿地等不同规模的公共空间节点，构成"点、线、面"相结合的、整体开放连贯的滨水空间。

3. 文化策略——提升底蕴深厚的滨水文化氛围

通过滨水公共空间建设、历史风貌管控引导、滨水街区保护更新，推动滨水区域的文化保护与利用，彰显传统文化与现代文明交融、历史文脉与时代风尚交相辉映的魅力。围绕看城乡、看山水、看历史的多种文化主题，综合运用多种手段让历史文化融入景观，营造与自然山水和谐相融、与历史文化交相呼应的滨水景观和形态。以水系为纽带，以滨水历史文化为依托，结合水系文化沿线绿色开放空间建设，通过游船、骑行、步行等多种出行方式，展示滨水区域的红色文化、民俗文化等。

4. 便捷策略——提供便捷完善的滨水服务设施

在河道和滨水空间范围内设置救生安全设施、服务设施、引导标识、游憩设施、亲水平台、照明设施和无障碍坡道等相关设施，并根据滨水空间的类型和需求进行差异化引

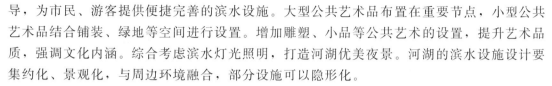

导，为市民、游客提供便捷完善的滨水设施。大型公共艺术品布置在重要节点，小型公共艺术品结合铺装、绿地等空间进行设置。增加雕塑、小品等公共艺术的设置，提升艺术品质，强调文化内涵。综合考虑滨水灯光照明，打造河湖优美夜景。河湖的滨水设施设计要集约化、景观化，与周边环境融合，部分设施可以隐形化。

5. 风貌策略——塑造风貌协调的滨水景观区域

融合河湖景观设计、滨水空间设计，控制滨河、滨湖区域的建筑高度和色彩，形成舒缓有致、动静结合、丰富多元的滨水景观风貌。提倡多元化的建筑群，通过划定开敞空间、景观廊道等，形成错落、疏密关系适宜的建筑高度布局。河道两侧建筑色彩按照梯度分布，协调近、中和远景关系，注重色彩与景观风貌相融，确保滨水区域内色彩既有丰富性，又有色彩统一性，呈现富有节奏感的组团或者成片建筑色彩。

第三节　河湖滨岸带海绵城市建设

河湖在城市排水、防涝、防洪及改善城市生态环境中发挥着重要作用，河湖生态治理是海绵城市建设的重要一部分。基于海绵城市的河湖治理设计时应在充分防洪排涝基础上，结合治污截污及雨污分流技术，建立自净化系统与生态修复系统、净化水质、构建水生态系统。河湖治理首先要保证汛期时洪水能及时排出，平时河水有一定流动性和流量。同时要保证水生态系统的水质要求，以期恢复河湖水生态功能。

一、河湖滨岸带海绵城市建设原则与目标

（一）基本原则

1. 生态优先的原则

应利用天然地形排水条件及项目区排水系统，并在保护河道、湖泊、坑塘、湿地、沟渠等水生态敏感区基础上，优先实现雨水的自然产流、自然渗透、自然净化和可持续水循环，提高河湖水生态系统的自然修复能力，维护河湖的生态功能。

2. 因地制宜的原则

根据本地自然地形条件、水文地质特征、水资源禀赋状况、降雨规律、水环境保护与内涝防治要求等，合理确定海绵城市建设的控制目标与指标，科学规划布局和选用透水铺装、植草沟、雨水花园、下凹绿地、雨水湿地、多功能调蓄等海绵设施及其组合系统。

3. 安全为重的原则

以保护人民生命财产安全和社会经济安全为出发点，综合采用工程和非工程措施提高低影响开发设施的建设质量和管理水平，消除安全隐患，增强防灾减灾能力，保障城市水安全。

4. 经济节约的原则

按照资源的合理与循环利用的原则，设计、施工、养护等各个环节中，最大限度地节约各种资源如雨水净化利用、构筑物垂直绿化等，提高资源的利用率，减少能源消耗。

（二）建设目标

城市河湖海绵建设设计目标应包括年径流总量控制目标、面源污染物控制目标、径流峰值流量控制目标、内涝防治目标和雨水资源化利用目标。

1. 年径流总量控制目标

年径流总量控制目标应以开发建设后径流排放量接近开发建设前自然地貌时的径流排放量为标准。自然地貌往往按照绿地考虑，一般情况下，绿地的年径流总量外排率为15%～20%（相当于年雨量径流系数为0.15～0.20），因此，借鉴发达国家实践经验，年径流总量控制率最佳为80%～85%。这一目标主要通过控制频率较高的中、小降雨事件来实现。

年径流总量控制率与设计降水量为一一对应关系，设计降水量是各城市实施年径流总量控制的专有量值，考虑我国不同城市的降水分布特征不同，各城市的设计降水量值应单独推求。

2. 面源污染物控制目标

面源污染控制是海绵城市建设雨水系统的控制目标之一。各地结合城市水环境质量要求、径流污染特征等确定径流污染综合控制目标和污染物指标，污染物指标可采用悬浮物（SS）、化学需氧量（COD）、总氮（TN）、总磷（TP）等。城市径流污染物中，SS往往与其他污染物指标具有一定的相关性，因此，一般可采用SS作为径流污染物控制指标，海绵设施雨水系统的年SS总量去除率一般可达到40%～60%。年SS总量去除率可用下述方法进行计算。

年SS总量去除率＝年径流总量控制率×海绵设施对SS的平均去除率。城市河湖年SS总量去除率，可通过不同区域、地块的年SS总量去除率经年径流总量（年均降雨量×综合雨量径流系数×汇水面积）加权平均计算得出。考虑到径流污染物变化的随机性和复杂性，径流污染控制目标一般也通过径流总量控制来实现，并结合径流雨水中污染物的平均浓度和海绵设施的污染物去除率确定。

3. 径流峰值流量控制目标和内涝防治目标

径流峰值流量控制是低影响开发的控制目标之一。低影响开发设施受降雨频率与雨型、低影响开发设施建设与维护管理条件等因素的影响，一般对中、小降雨事件的峰值削减效果较好，对特大暴雨事件，虽仍可起到一定的错峰、延峰作用，但其峰值削减幅度往往较低。因此，为保障城市安全，在低影响开发设施的建设区域，需控制城市雨水管渠和泵站的设计重现期、径流系数等设计参数。

同时，低影响开发雨水系统是城市内涝防治系统的重要组成，应与城市雨水管渠系统及超标雨水径流排放系统相衔接，建立从源头到末端的全过程雨水控制与管理体系，共同达到内涝防治要求。

4. 雨水资源化利用目标

雨水资源化利用主要包括绿化浇灌、道路浇洒和其他生态用水总量的核算及实际设计利用量的核算。

河湖海绵建设新建工程雨水资源化利用量应占其绿化浇洒、道路冲洗和其他生态用水量的50%以上，改造工程的雨水资源化利用量应占其绿化浇洒、道路冲洗和其他生态用水量的 30％以上。

二、河湖滨岸带海绵建设策略

海绵城市是指城市能够像海绵一样，在适应环境变化和应对自然灾害方面具有良好的"弹性"，下雨时吸水、蓄水、渗水、净水，需要时将蓄存的水"释放"并加以利用。因此，河湖滨岸带海绵建设须体现以下五个策略——"蓄水""渗透""滞留""净化""排出"。五个策略组合运用才能形成从源头滞蓄，在过程消纳减排，末端弹性适应的生态滨岸带海绵工程模式。

1. 蓄水的策略

即把雨水留下来，要尊重自然的地形地貌，使降雨得到自然散落。现在人工建设破坏了自然地形地貌后，短时间内水汇集到一个地方，就形成了内涝。所以要把降雨蓄起来，以达到调蓄和错峰。而当下海绵城市蓄水环节没有固定的标准和要求，地下蓄水样式多样，总体常用形式有两种：塑料模块蓄水、地下蓄水池。

2. 渗透的策略

由于城市下垫面过硬，到处都是水泥，改变了原有自然生态本底和水文特征，因此，要加强自然的渗透，把渗透放在第一位。其好处在于，可以避免地表径流，减少从水泥地面、路面汇集到管网里，同时，涵养地下水，补充地下水的不足，还能通过土壤净化水质，改善城市微气候。而渗透雨水的方法多样，主要是改变各种路面、地面铺装材料，改造屋顶绿化，调整绿地竖向，从源头将雨水留下来然后"渗"下去。

3. 滞留的策略

通过微地形调节，让雨水慢慢地汇集到一个地方，用时间换空间。通过"滞"，可以延缓形成径流的高峰。其主要作用是延缓短时间内形成的雨水径流量。具体形式总结为三种：雨水花园，生态滞留池、渗透池、人工湿地。

建立生态滞留区，将浅水洼地或景观区利用工程土壤和植被来存储和治理径流的一种形式，治理区域包括草地过滤、砂层和水洼面积、有机层或覆盖层、种植土壤和植被。生态滞留区在对于土壤的要求和工程技术上的要求不同于雨水花园，形式根据场地位置不同也较为多样，如生态滞留带、滞留树池等。

4. 净化的策略

雨水流经土壤、植被、绿地系统、水体等介质，都能对雨水产生净化作用。因此，应该在蓄起来后，经过净化处理，然后回用到城市中。雨水净化系统根据区域环境不同从而设置不同的净化体系，根据城市现状可将区域环境大体分为三类：居住区雨水收集净化、工业区雨水收集净化、市政公共区域雨水收集净化。根据这三种区域环境可设置不同的雨水净化环节，而现阶段较为熟悉的净化过程分为三个环节：土壤渗滤净化、人工湿地净化、生物处理。

5. 排出的策略

利用城市竖向与工程设施相结合，排水防涝设施与天然水系河道相结合，地面排水与地下雨水管渠相结合的方式来实现一般排放和超标雨水的排放，避免内涝等灾害。

当雨峰值过大的时候，地面排水与地下雨水管渠相结合的方式来实现一般排放和超标雨水的排放，避免内涝等灾害。经过雨水花园、生态滞留区、渗透池净化之后蓄起来的雨水一部分用于绿化灌溉、日常生活，一部分经过渗透补给地下水，多余的部分就经市政管网排进河流。不仅降低了雨水峰值过高时出现积水的概率，也减少了第一时间对水源的直接污染。

三、河湖滨岸带海绵措施

河湖滨岸带海绵措施主要有下凹绿地、雨水花园、渗透型植草沟、转输型植草沟、植被缓冲带。

下凹绿地、雨水花园、渗透型植草沟结构尺寸的关键在于换填的种植土厚度的确定，种植土厚度可按式（5-1）~式（5-4）进行估算。

$$V = 10H\varphi F \tag{5-1}$$

$$W_s = \alpha K J A_s t_s \tag{5-2}$$

$$J = \frac{h + d_f}{d_f} \tag{5-3}$$

$$V = W_s \tag{5-4}$$

式中　V——地块年径流总量控制率对用的需蓄水容积，m^3；

$\quad\quad H$——设计降雨量；mm；

$\quad\quad \varphi$——场均综合雨量径流系数；

$\quad\quad F$——汇水面积，hm^2；

$\quad\quad W_s$——雨水控制设施渗透量，m^3；

$\quad\quad \alpha$——综合安全系数；

$\quad\quad J$——水力坡降；

$\quad\quad A_s$——雨水控制设施的表面积；m^2；

$\quad\quad t_s$——渗透时间，s，取24h；

$\quad\quad K$——土壤渗透系数；

$\quad\quad d_f$——种植土厚度，m；

$\quad\quad h$——蓄水层平均水深，m。

从式（5-1）~式（5-4）可得到种植土厚度 d_f 与雨水控制设施的表面积 A_s 的关系，通过试算可确定种植土厚度与对应雨水控制设施的表面积。

1. 下凹绿地

下凹绿地是调蓄和净化径流雨水的绿地，对雨水起到渗、滞、蓄的作用，其结构组成自上而下依次为：

（1）蓄水层。这一层能暂时滞留雨水，将雨水储存在内，发挥雨洪调节作用。同时具有沉淀作用，使部分沉淀物在此层沉淀，进而促使附着在沉淀物上的有机物和金属离子得以去除。

（2）种植土层。这一层拥有很好的过滤和吸附作用。种植土层由原位土、粗砂、泥炭土混合而成。

（3）中粗砂层。目的是防止土壤颗粒进入砾石层而引起排水花管的堵塞，也起到通风作用。

（4）砾石层。这一层作为最下部的基础层由直径不超过 50mm 的砾石组成，并用土工布将这一层包裹，土工布可防止土壤颗粒堵塞花管。

（5）花管。花管采用 PE 管，开孔率为 2%。花管埋于砾石层中，经过渗滤的雨水由穿孔管收集排入东湖港水体。

（6）砖砌溢流井。溢流井直接接入场地就近的市政管道排水系统，并且溢流口设置在雨水花园的顶部。溢流井作用是当雨水的收集量超出雨水花园的承载量时将多余的雨水排除。

下凹绿地典型结构如图 5-1 所示。

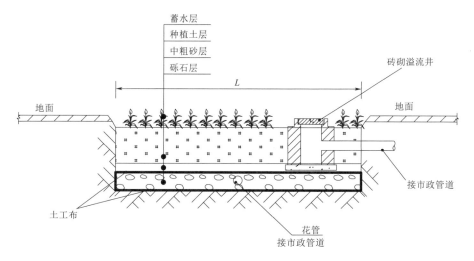

图 5-1　下凹绿地典型结构示意图

2. 雨水花园

雨水花园的主要功能是控制径流，对雨水起到渗、蓄、净的作用，其结构组成自上而下依次为：

（1）蓄水层。这一层能暂时将雨水储存在内，发挥雨洪调节作用。同时具有沉淀作用，使部分沉淀物在此层沉淀，进而促使附着在沉淀物上的有机物和金属离子得以去除。

（2）树皮覆盖层。这一层能保持土壤的湿度，避免土壤板结而导致土壤渗透性能下降。同时一个微生物环境在树皮土壤界面上出现了，微生物得到了良好的生长和发展。而微生物可以对有机物进行降解，从而净化水体。树皮之间的空隙使得这一层拥有了缓冲作用，有助于减少径流雨水的侵蚀。

（3）种植土层。这一层拥有很好的过滤和吸附作用。种植土层由 30% 原位土、60% 粗砂、10% 泥炭土混合而成，其渗透系数不小于 5×10^{-6} m/s。

（4）中粗砂层。目的是防止土壤颗粒进入砾石层而引起排水花管的堵塞，也起到通风作用。

（5）砾石层。这一层作为最下部的基础层由直径不超过 50mm 的砾石组成，并用土工布将这一层包裹，土工布可防止土壤颗粒堵塞花管。

（6）花管。花管采用 PE 管，开孔率为 2％。花管埋于砾石层中，经过渗滤的雨水由穿孔管收集排入东湖港水体。

（7）砖砌溢流井。溢流井直接接入场地就近的市政管道排水系统，并且溢流口设置在雨水花园的顶部。溢流井作用是当雨水的收集量超出雨水花园的承载量时将多余的雨水排除。

雨水花园典型结构如图 5-2 所示。

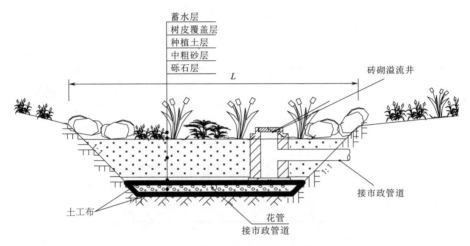

图 5-2 雨水花园典型结构示意图

3. 渗透型植草沟

渗透型植草沟的主要功能是控制径流，对雨水起到渗、滞、排的作用，其结构组成自上而下依次为：

（1）蓄水层。这一层能暂时将雨水储存在内，发挥雨洪调节作用。同时具有沉淀作用，使部分沉淀物在此层沉淀，进而促使附着在沉淀物上的有机物和金属离子得以去除。

（2）种植土层。这一层拥有很好的过滤和吸附作用。种植土层由 30％原位土、60％粗砂、10％泥炭土混合而成，其渗透系数不小于 5×10^{-6} m/s。

（3）中粗砂层。目的是防止土壤颗粒进入砾石层而引起排水花管的堵塞，也起到通风作用。

（4）砾石层。这一层作为最下部的基础层由直径不超过 50mm 的砾石组成，并用土工布将这一层包裹，土工布可防止土壤颗粒堵塞花管。

（5）花管。花管采用 PE 管，开孔率为 2％。花管埋于砾石层中，经过渗滤的雨水由穿孔管收集排入东湖港水体。

（6）溢流管。溢流管直接接入场地就近的市政管道排水系统，并且溢流口设置在雨水花园的顶部。溢流管作用是当雨水的收集量超出渗透型植草沟的承载量时将多余的雨水排除。

渗透型植草沟典型结构如图 5-3 所示。

4. 转输型植草沟

转输型植草沟主要功能是收集、传送和排放径流雨水，对雨水起到滞、排的作用。转输型植草沟断面采用梯形断面，布置在绿道周边。其结构组成自上而下依次为：

（1）蓄水层。这一层能将雨水储存在内，并传送到市政排水系统。同时具有沉淀作用，使部分沉淀物在此层沉淀，进而促使附着在沉淀物上的有机物和金属离子得以去除。

（2）种植土层。这一层拥有很好的过滤和吸附作用。种植土层由30%原位土、60%粗砂、10%泥炭土混合而成，其渗透系数不小于5×10^{-6}m/s。

（3）砾石层。这一层作为最下部的基础层由直径不超过50mm的砾石组成，并用土工布将这一层包裹，土工布可防止土壤颗粒进入砾石层。

转输型植草沟典型结构如图5-4所示。

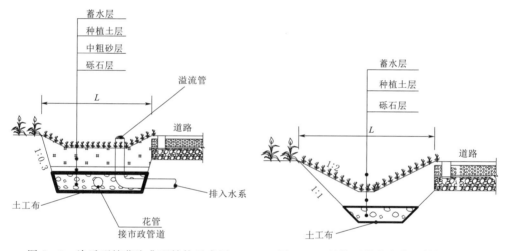

图5-3 渗透型植草沟典型结构示意图　　图5-4 转输型植草沟典型结构示意图

5. 植被缓冲带

植被缓冲带为坡度较缓的植被区，经植被拦截及土壤下渗作用减缓地表径流速度，并去除径流中的部分污染物，对雨水起到"滞"的作用。植被缓冲带坡度为2%～6%，宽度大于2m。植被缓冲带典型结构如图5-5所示。

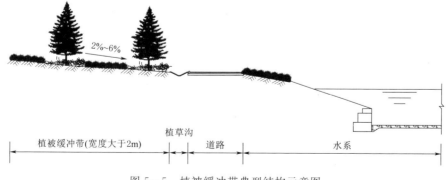

图5-5 植被缓冲带典型结构示意图

第四节　河湖生态岸坡防护技术

河湖岸坡较早定义认为是指与水流发生作用的陆地植被区域，随着社会发展，人与河道之间的联系越来越紧密。现代有学者给出了广义定义和狭义定义，广义上是指靠近河边受水流直接影响的植物群落及生长环境，其植物种群的复杂度以及微气候等与周边区域明显不同；狭义上是指从水-陆交界处至河水影响消失的地带。由于河岸带是一个完整的生态系统，它不仅包括植物还包括动物及微生物，而且在系统内部以及系统与相邻系统间均发生着能量和物质交换，因此，对河岸带的研究既要包括生态要素，也要涵盖水利要素。

河岸作为河流生态系统的重要组成部分，是河流生态系统与陆地生态系统之间的过渡区，具有廊道功能、缓冲带功能和湿地功能，其本身也是一个动态生态系统。河道岸坡不仅遭受水流的淘刷，又是水陆联系比较紧密的关键地带，所以河岸保护不仅要从结构稳定的角度来考虑，同时也应该从生态系统的角度来考虑，考虑工程对岸坡种群、食物链等生态因子的影响，考虑其能否保持水陆间水分的相互贯通，能否保持水陆间生态种群的动态平衡，能否保持河流生物多样性，能否保持河岸景观协调性，即生态护岸在保护岸坡结构稳定的同时，还要保护生态系统的动态稳定。

城市河渠坡岸情况比较复杂，特别是城市土地资源比较宝贵，很多河道失去了天然的形态，有的河滩地被填，有的则被裁弯取直，城市河道边坡要根据实际情况进行布置。城市河渠要利用多种岸坡技术，增加岸坡结构孔隙率、表面积等，以达到"用结构换空间"，利用有限的空间，达到城市功能和水体功能的统一协调。

一、河湖岸坡防护分类

岸坡防护是指在原有的天然岸坡上采取人工加固的工程措施，避免岸坡受水浪的冲击、侵蚀和淘刷作用，以维持岸线稳定。因此而构筑的水边设施，称之为护岸。护岸的型式可分为斜坡式护岸、墙式护岸和两者结合的复合式护岸。在河道岸坡防护设计中，应根据现状河道岸坡的坡度、挡土高度及地质条件等综合确定适宜的结构形式。

传统岸坡防护技术从稳定河道、保证行洪安全的目的出发，常采用浆砌块（条）石、干砌块（条）石、混凝土板等防护措施，这些材料的抗冲、抗侵蚀性及耐久性好，同时对于排洪、输水的河道，可减小河道糙率，提高河道的过流能力，保障两岸的安全。但是，大量的河道渠道化带来的问题也日益凸显，为满足硬质材料的铺设施工，河道往往采取裁弯取直的方式，造成生物栖息地连续性中断并逐渐丧失，破坏了河流的自净能力。尤其是河流岸坡被混凝土护面取代后，阻隔了河流与土壤的水质交换作用，影响河流水生物群落的多样性，导致水质恶化。

随着社会的发展，生态理念的贯彻，岸坡防护技术要求兼具安全性、生态性和可持续性。在现代河道岸坡防护工程设计中倡导"人水自然和谐"的原则，要求岸坡治理方案不仅要满足防洪安全、抗冲刷、景观需要，同时应消除人与水的隔离以及维护各类生物共存。现代生态岸坡防护工程常用的结构和材料有柔性水土保护毯、合金网装卵石、联锁式混凝土砌块、生态混凝土等。

（一）根据岸坡断面型式分类

1. 矩形断面岸坡

矩形断面有占地面积很小的优点，在土地资源宝贵的城市河渠采用较多，矩形断面边坡临水侧一般为直立面，故边坡在需要解决河道防冲的情况下，还需要保证自身的稳定。

常规采用的型式由浆砌石直墙、混凝土直墙，这样的材质和型式既有一定的抗冲刷能力，也有较好的自稳能力，但存在的缺点也很明显，岸坡无法种植植被，且浆砌石或混凝土将坡面完全封闭，隔绝了坡面与水体间的联系，景观和生态效果均较差。故浆砌石、混凝土直墙一般在冲刷较严重、岸坡较高等情况采用，采用该种类护坡尽量利用岸坡空间，降低墙顶高程（但同时一般不得低于常水位），墙顶以上结合植物护坡布置。

为解决浆砌石和混凝土直立护坡生态性和景观性差的问题，目前出现了采用不同形状生态砌块组合而成的直立挡墙，这种挡墙由砌块分层错动垒砌，使其表面有孔隙，方便植被生长，内部有空洞，为鱼类等河道生物提供了栖息地；同时其适应地基变形能力强，砌块外观呈天然花岗岩石材质感，建筑美感好。垒石直立护坡生态性和景观性好，但其稳定性较常规重力式护坡差，高度受到影响，一般墙高度超过 2m 或岸坡以上存在荷载的情况下，要考虑采用土工格栅或拉筋等辅助措施帮助墙体稳定。

2. 梯形断面岸坡

梯形断面河渠边坡存在一定的坡比，坡比往往受渠坡地质情况和岸边空间影响，这里梯形断面岸坡主要讨论边坡可以自稳的渠道，对于边坡较陡，需要护坡帮助稳定的岸坡可以参考前文"矩形断面岸坡"。

梯形断面岸坡依现有边坡铺设，可以选择的样式也较多，且岸坡也是人类活动和亲水的重要场所，城市梯形河渠边坡往往采用多种护坡形式和材质组合的方式布置。

在常水位以下采用防冲效果好，同时保留水生物栖息地功能的护坡，常用的有干砌石、垒石、材枕等。在接近常水位线的位置以耐水湿生植物为主，即草滤带，使上下有层次，左右相连接，根系深浅相错落，以千屈菜、海寿花等挺水植物为主。

而常水位与设计水位之间护坡往往采用植生块或格宾网护坡，这类护坡表面种植耐淹性植物，护坡还可以结合亲水踏步和亲水平台布置，满足一定的抗冲性，同时可以保证人类亲近水体，保证岸坡生物与水体的交流。

而设计水位与洪水位之间往往设置植物性护坡，这两个水位之间遭遇洪水的几率小，平时为人群活动区域，洪水期短时遭遇水流，该部位是河道水土保持、植物绿化的亮点，是河道景观营造的主要区域，该河道两侧绿化景观一般应设置与城市人行道相接的人行步道，步道两侧有生长茂盛的白杨林、香樟、无患子、桂花、紫薇林，是生态环境较好的地方。

洪水位以上部分往往为河渠边缘，而城市河渠周边土地宝贵，有条件的地方应结合滨江公园、滨江走廊等设置植物性防护，种植植物以春夏季绿叶植物为主，点缀色叶树种及常绿乔木，整体上形成高低错落、疏密有致的景观组团。使河道景色春意盎然、夏季繁花似锦、秋色绚丽、冬季不至单调。

3. 斜坡式岸坡

斜坡式岸坡有天然岸坡及护垫岸坡。天然岸坡造价最低，一般有乱石护岸及黏土护岸，但其抗冲刷能力差，水土流失量大，乱石护岸容易滑移。护垫岸坡有刚性护垫岸坡、半刚性护垫岸坡和柔性护垫岸坡，混凝土层面护坡、浆砌石护坡为刚性护垫岸坡，其抵抗不均匀沉降能力差，局部容易塌陷，造成整体破坏，透水性差、生态效应差，回收利用率低；柔性护垫岸坡现在广泛采用土工织物护坡，但其造价较高；半柔性护垫岸坡可采用植生块或格宾网护坡，既能有效抵抗河水冲刷，又能在护坡上进行绿化，兼顾生态功能和要求，达到城市景观河绿化生态相协调。

结合地形地貌及周边环境，本工程中陈家沟上段等河道采用斜坡式岸坡，断面形式为从河底以1:3的坡连接至堤顶，坡面采用100mm厚植生块护坡。典型断面结构图如图5-6所示。

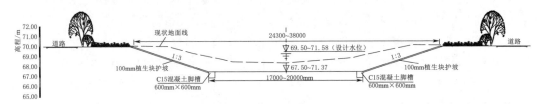

图5-6　斜坡式岸坡典型断面结构示意图

4. 复式岸坡

复式岸坡是在斜坡式岸坡的基础上局部地进行台阶式护岸，增强其亲水性，可采用斜坡加斜坡式，或斜坡加直立式护岸的结合形式。滨水人行道适当布置休息平台，从而达到防洪排涝、绿化、景观、休闲为一体的复合生态系统。适用于河宽较宽，不受限制的河段。

复式岸坡断面型式采用斜坡、滨水人行道、斜坡的结合形式，坡比1:3，设计水位以下坡面采用100mm厚植生块护坡，设计水位以上采用草皮护坡。典型断面结构图如图5-7所示。

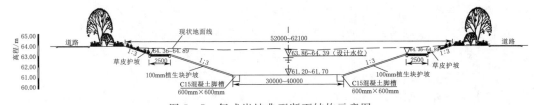

图5-7　复式岸坡典型断面结构示意图

5. 自然式岸坡

结合并充分利用原河道岸坡地形，建设生态廊道，既能营造景观休闲功能，增加亲水乐趣，又能在遭遇大洪水时增加行洪断面。

自然岸坡典型断面结构图如图5-8所示。

(二)根据岸坡防护材料分类

1. 块石

块石是最常用的一种岸坡防护结构，它具有抗冲刷和淘刷及生物栖息地等功能，从施工工艺上，可采用抛石、干砌块石等材料和结构类型。对河流流速大、流态紊乱的区域可采用浆砌块石，以保证岸坡稳定。在块石层下应设置垫层和反滤层，以防止岸坡土颗粒在

图 5-8　自然岸坡典型断面结构示意图

水流、波浪或地下水渗流作用下通过防护面层空隙流失，从而发生侵蚀破坏。

2. 柔性生态水土保护毯

柔性生态水土保护毯是一种三维结构，由聚酰胺单纤维制成，一般铺设于河道、护坡等驳岸边坡上，以控制水力侵蚀、土壤流失，同时达到边坡生态修复的功效，还河道于自然。水土保护毯的孔隙率超过 95%，坡面绿化率可达 100%，特有的三维立体结构能为植物生长提供额外的加筋，和植物根系紧密缠绕，形成"土壤、植被、网垫"三维护坡体系，在提供坡面永久保护的同时，不着任何人工痕迹，坡面透水率高，河水与堤岸得以自由进行物质交换，有利于自然界的水循环及水生动植物的生存和繁衍。柔性生态水土保护毯护坡可根据工程抗冲要求，选择不同型号的材质，最大抗冲流速可达 5.57m/s，同时具有耐极端温度、耐化学腐蚀、耐老化等特点，施工简单，技术成熟、绿化效果良好，后期维护成本低。

3. 合金网装卵石

合金网是一种生态格网结构。合金石笼网由高抗腐蚀、高强度、具有延展性的低碳钢丝，通过机械覆塑、编织而成，网箱内可装填一定级配的块石或卵石，通过固定、绑扎和搭接后作为河道堤岸的护砌材料。该结构本质上都具有透水性，对地下水的自然作用及过滤作用具有较强的包容性，水中的悬移物和淤泥得以沉淀于填石缝中，从而有利于自然植物的生长，逐步恢复原有的生态环境。

4. 联锁式混凝土砌块

联锁式混凝土砌块生态护坡是采用 C20 细石混凝土，通过高压振密工艺制成具有咬合良好的混凝土预制块，具有规格统一、外观整洁、型式多样化等特点。经现场拼装后，坡面形成混凝土预制块与孔洞相间的结构型式，孔洞率一般在 30%～40%，可在孔洞内回填土并植草绿化，植草成活后的绿化率达 50% 以上。

5. 生态混凝土

生态混凝土是以水泥、不连续级配碎石、掺合料等为原料，制备出的一种满足一定孔隙率和强度要求的无砂大孔隙混凝土。生态混凝土护坡是在迎水坡上浇筑无砂混凝土生长基座，通过盐碱改良后，表面覆土 2cm 并植草绿化，为满足坡面草本植物生长期能吸收充分的营养成分，无砂混凝土浇筑前先在堤坡上铺设一层 400g/m² 复合营养布。

生态混凝土护坡为坡面整体式浇筑，护坡结构整体性好，坡面绿化率理论上可达 95% 以上，但根据已建工程施工经验看，生态混凝土施工技术要求较高。

二、河湖岸坡选择

(一) 河湖岸坡断面型式的选择

自然河湖岸坡防护往往以防冲刷为主要目的，某个防冲断面的护坡型式往往单一，而城市河渠与人类活动交往密集，在解决防冲的同时，还要保证人与河渠的亲近，河道与岸边动、植物的交流。城市河渠往往根据不同的实际情况、采用不同边坡型式。

在建设生态河道的过程中，河湖岸坡防护是否符合生态的要求，是否能够提供动植物生长繁殖的场所，是否具有自我修复能力，是设计者应该着重考虑的事情。生态护岸应该是通过使用植物或植物与土工材料的结合，具备一定的结构强度，能减轻坡面及坡脚的不稳定性和侵蚀，同时能够实现多种生物的共生与繁殖、具有自我修复能力、具有净化功能、可自由呼吸的水工结构。

生态护岸建造初期强度普遍较低，需要有一定时间的养护，以便植物的生长，否则会影响到以后防护作用的发挥；施工有一定的季节限制，常限于植物休眠的季节。

（二）河湖岸坡防护材质的选择

城市河湖岸坡情况比较复杂，特别是岸坡受人为影响较多，河道失去了蜿蜒、缓冲、滩地槽蓄等功能；两岸均为道路、房屋等人为活动区域，不同的对象对河道岸坡的要求也不一样。城市河湖岸坡常采用的材质有浆砌石、生态混凝土、格宾石笼、植生块、植被、材枕等，通常根据现场河道流速、断面型式、河道两岸不同对象、边坡的不同高程选用不同的护坡型式。

第五节　河湖滨岸带生态修复案例

一、武青堤堤防江滩综合整治工程

武青堤堤防江滩综合整治工程（青山段），长约 7.5km。工程整治范围为堤外至水边，堤内至规划控制的 40m 宽市政道路内边线，占地总面积 170hm² （图 5-9）。

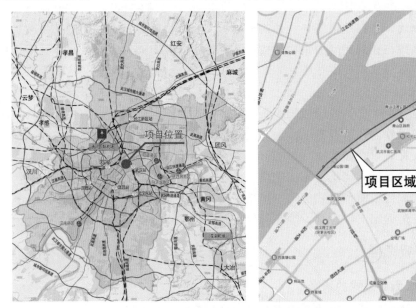

图 5-9　工程区区域位置示意图

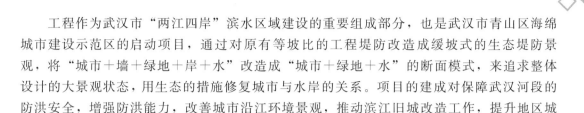

工程作为武汉市"两江四岸"滨水区域建设的重要组成部分，也是武汉市青山区海绵城市建设示范区的启动项目，通过对原有等坡比的工程堤防改造成缓坡式的生态堤防景观，将"城市＋墙＋绿地＋岸＋水"改造成"城市＋绿地＋水"的断面模式，来追求整体设计的大景观状态，用生态的措施修复城市与水岸的关系。项目的建成对保障武汉河段的防洪安全，增强防洪能力，改善城市沿江环境景观，推动滨江旧城改造工作，提升地区城市功能，提升城市形象，促进社会经济发展具有重要意义。

工程概括为"一个主题、三带景观、四大亮点、五大分区"，由体育运动、都市时尚、雨水花园、阳光草坪、青山记忆等景观区构成，是集防洪、生态、民生为一体、以"延续青山文脉、演绎生态风貌"为主题、打造武汉市"两江四岸"，践行"长江大保护"理念的综合性园林景观工程，也是海绵城市、长江大保护的示范性工程。

（一）设计定位及目标

工程建设以挖掘场所精神、延续青山文脉为基础，保留现有植被风貌，对场地进行植被更新、补栽、提色，完善整体滨水空间功能，恢复重建生态休闲水岸，主要项目建设目标如下：

（1）江、滩、城三位一体——通过缓坡式堤防的设置，弱化江、滩、城之间的界限，使原本独立的景观相互融合，形成完美的一体式景观。

（2）青山记忆、时尚生活——挖掘、保护"红钢城""土堤""红房子"等与青山有关的历史记忆元素，同时结合青山滨江商务区的建设，打造一片充满人文关怀和时尚活力的滨江城市景观带。

（3）亲水景观、跃动长江——在滩地内利用不同的高程设置观水、亲水、戏水的场所，充分强调人与水的亲密关系。

（4）海绵城市、生态环保——项目景观设计大量采用透水铺装材料，在场地内引入生态草溪、下凹绿地、跌级湿地、覆土绿化屋面等景观手法，充分贯彻自然积存、自然渗透、自然净化的理念，并加强对雨水资源化利用。项目年径流总量控制率达到80％，面源污染消减率达到70％，透水铺装率为60％。

（二）方案设计

1. 总平面布置

工程整体布置利用现有堤防，其内坡脚基本保持不动，兼顾现状已有的穿跨堤建构筑物，尽量保留滩地内现有较好的防浪林，形成自然曲线的生态缓坡堤防。

为改变现有堤防单调的平面、断面型式，更好实现堤内外环境交融，在现有堤防内坡脚基本保持不动的前提下，以穿堤涵闸、大桥跨堤桥墩等为控制节点，将堤防平面线形改造成平滑舒缓的曲线。堤防中心线在原堤身范围内变动，断面结合江滩整治，形成自然曲线的生态缓坡堤防（图5-10）。

2. 生态景观化缓坡式堤防

结合江滩的改造、临江大道建设，将原有单调较陡的堤防改建为缓坡式生态堤防，堤坡由原状的1∶3坡面，改建为1∶6～1∶15的平缓坡面，在缓坡面进行植物配植，其间布置一些踏步、汀步作为上下堤相互联系的通道，将城市、江滩、长江有机地连成一体，消除观景障碍，扩大城市滨水面的立体空间，站在堤顶绿道上，透过绿化间预留出的观江通廊，便能一览长江美景（图 5-11）。

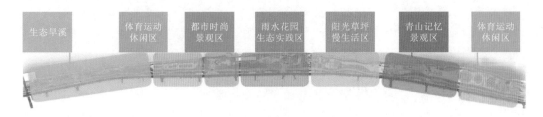

图 5-10　规划总平面布置示意图

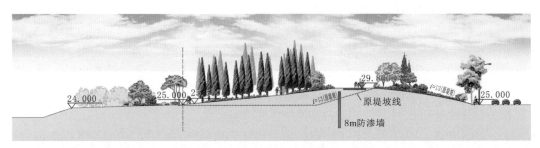

图 5-11　生态景观化缓坡式堤防断面效果图Ⅰ

为解决青山江滩及周边未来的停车问题，本次工程中在缓坡式堤防的下方，新建了四段地下空间，总建筑面积约 13 万 m²。地下空间为两层结构，主要为江滩管理服务用房和停车场，车位约 1700 个（图 5 - 12）。

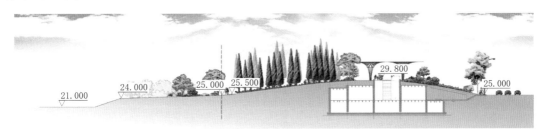

图 5 - 12　生态景观化缓坡式堤防断面效果图 Ⅱ

3. 滩地景观工程

结合武汉市青山滨江商务区的城市分区，将整段江滩规划为下列六大景观分区：

（1）生态草溪景观区——区域长 1.4km，面积 19.1hm²。本区有一条长 800m 的生态草溪，草溪底部不作硬化和防渗处理，晴时作为旱溪景观，芳草萋萋。雨时可以将缓坡式堤防和滩地上的雨水汇集其中，通过草皮、植物根系和卵石等进行过滤，净化后下渗或排入长江。

（2）体育运动景观区——区域合计全长 1.48km，面积 32.6hm²。本区布置了多种运动及健身场地，包括足球场、篮球场、网球场、全民健身器械和儿童游乐场等。体育场周边设置下沉绿地和生态草沟，滞流过滤场地雨水，消减面源污染。场馆管理用房采用覆土建筑，设置屋面雨水收集回用装置，将雨水收集、过滤、储存后用于冲洗厕所和绿化灌溉。

（3）都市时尚景观区——区域长 0.463km，面积 9.1hm²。结合滨江商务区城市定位，在本区分区内布置了青山江滩最大的一处集中广场，广场呈环抱式布局，并利用堤坡与滩地的高差，形成了天然的观众席，为今后广场举办大型活动提供了良好的条件。广场地面采用全透水铺装，广场基层埋设渗滤管道，将下渗的雨水收集过滤后再排入周边下沉绿地和生态草溪中。

（4）雨水花园生态实践区——区域长 0.69km，面积 15.9hm²。本区通过生态水系串联婚礼草坪、观鱼广场及儿童游乐广场三大功能节点，满足不同年龄段人群的活动需求。通过截流沟、生态草溪收集场地内的雨水，经梯级湿地处理后汇入地表调蓄水池中，并利用调蓄池来养殖观赏鱼类，为江滩打造一处观鱼、嬉水的创意景点。

（5）阳光草坪慢生活区——区域长 0.855km，面积 15.5hm²。本区位于青山区政府对面，以樱花林和疏林草地作为本区的主要景观，着重体现人文景观的精髓。

（6）青山记忆景观区——区域长 0.921km，面积 17.4hm²。本区为青山区临江公园旧址，结合区域特色文化、轮渡码头、建筑红房子等元素，对临江公园进行升级改造，打造一片承载青山人民记忆的怀旧景观区。

临江公园内原有一片环形水塘，本次将这处水塘进行保留改造，打造跌水和湿地景观，并辟出一段作为区域的集中调蓄池，通过生态草沟收集并处理后的净水可以循环再利用，作为场地冲洗和绿化喷灌功用。

4．亲水平台工程

结合长江武汉段汛期和枯水期水位落差大的特点，在滩地临江滩唇侧低于滩地 2～4m 处设置宽 6～20m 的亲水平台，增强枯水期游人亲水性，设计高程高于常水位区间。平台临江侧与现有护坡顺接，背江侧以 1∶3 的斜坡与滩地相接，坡面采用联锁砖护砌。亲水平台以青石板铺面，中间间隔设置树池和花坛，以丰富游人亲水休闲需求。

二、武汉市东湖港综合整治工程

东湖港综合整治工程位于湖北省武汉市武昌中心城区，是东湖生态旅游风景区的一部分。青山区作为武汉过去的工业发展区域，以武汉钢铁集团为主要发展企业，位于该区域内的东湖港，过去曾是工业备用水源的重要通道，由于历史原因，这条港渠逐渐沦为一条不与长江水交换的废弃水渠。随着武汉城市的高速发展，东湖港周边污臭环境迫切需要改善，同时武汉市海绵型城市建设试点正在全面铺开，其中武汉市"大东湖"生态水网（包括东湖港）建设就是其中最主要的内容（图 5-13）。

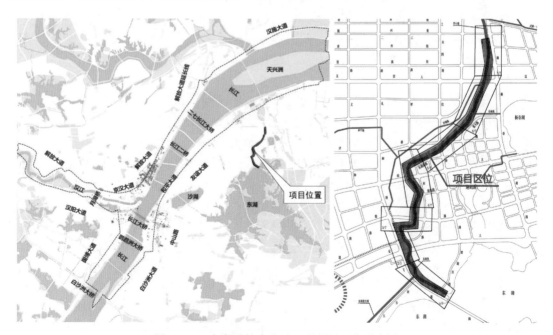

图 5-13　东湖港综合整治工程项目区位示意图

东湖港河道功能主要是连通长江与东湖两大生态斑块，综合整治工程北起与上游连接的落步咀节制闸、南至武汉东湖，治理总长度达 4.7km，沿河两岸 100～140m 范围内以港渠为主线，通过实施河道清淤疏浚、河道生态修复、海绵化改造、截控污治理、污染源整治、沿岸景观建设等重点工程，恢复与修复港渠防涝排渍、沿岸生态环境、滨水景观休闲等功能，满足东湖港周边高密度聚集区域居民生产、生活的需求。

（一）设计定位及目标

在满足城市防洪排涝的条件下，尊重河流自然规律，坚持人与自然和谐协调的主线，从生态、景观、文化三个方面来深入项目构思。根据东湖港在城市规划中的定位、用地布局等上位规划要求进行生态化建设与改造，以保证河岸与水体之间的物质得以充分交换，恢复生物的多样性，并满足市民的亲水需求，突出回归自然与以人为本的设计理念，形成"生机、生活、生息"复合型的生态水系廊道，以整体提升武汉市"水"品牌形象，实现社会、经济、环境的综合效益。

项目治理目标为"渠畅、景美、水优"，即通过东湖港综合整治工程的实施，实现引水和排水通畅，提升东湖港及沿线环境景观品质，加强东湖水系与外江的生态联系，促进东湖港及大东湖水网水质的改善，使得已经退化或受损的水生态系统在良性的水循环状态下逐步恢复，实现通水廊道、生物廊道、景观廊道、绿色廊道四廊合一。

（二）方案设计

1. 生态之河

全面对河道现状生态问题进行诊断，根据场地现状实际，提出"建设生态廊道、提升水质水量和海绵城市设计"三方面来构建生态之河。实现区域水资源灵活调度，提高水体自我修复能力，改善湖泊陆地与水域生境，维护城市良好的生态功能。

（1）生态廊道。东湖港全长 4.7km，分属武汉市青山区、洪山区、东湖风景区三个行政区域。规划将港渠作为城市建设的生态底线，依托大武昌片区生态空间，突出东湖港在城市生态体系中的核心功能，将东湖港打造成为一个稳定且具有活力的生态水系廊道，以构建"大东湖"生态网络（图 5-14）。

根据《武汉都市发展区 1:2000 基本生态控制线落线规划》及《城市水系规划规范》（GB 50513—2009）建议生态保护廊道适宜宽度要求。充分利用东湖港现状地形，设计采用近自然的"九曲一湾"的平面形态，修复和营造地形地貌、植被系统，模拟湿地、洲、滩、岛等多种生境，优化蓝绿线交融格局，统筹港渠及沿渠陆地建设，将港渠两岸绿地和碎片化用地纳入工程建设范围，以水为脉络，形成宽约 100~150m 的水陆生态廊道，连通主城区多个生态斑块，向北联系长江生态带，向南连接大东湖生态圈，向西连接杨春湖生态圈，使河道生态系统与区域生态系统形成一个有机的整体，进而使两湖水、陆生物交换更加频繁，同时也增加与其他交叉带状廊道生物交换的几率。对生物多样性保护、水污染防治、滨水环境、城市热岛效应缓解有积极效益，进一步凸显了武汉市水、岸、林、城的和谐共生格局。

（2）海绵设计。严格落实海绵城市"自然积存、自然渗透、自然净化"的基本理念，充分利用东湖港港渠调蓄能力，将其调蓄容量作为城市海绵体的组成部分，进一步控制雨水的径流，实现雨水的自然积存、自然渗透、自然净化和可持续水循环，提高水生态系统的自然修复能力，维护城市良好的生态功能。

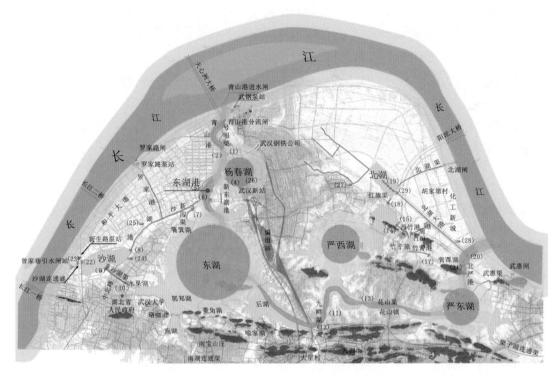

图 5-14　河湖生态廊道连通示意图

1) 径流总量控制。通过对我国近 200 个城市 1983—2012 年日降雨量统计分析，分别得到各城市年径流总量控制率及其对应的设计降雨量值关系，《海绵城市建设技术指南——低影响开发雨水系统构建（试行）》中对年径流总量控制率 α 提出了具体的指标，将我国大致分为五个区，即 I 区（$85\% \leqslant \alpha \leqslant 90\%$）、II 区（$80\% \leqslant \alpha \leqslant 85\%$）、III 区（$75\% \leqslant \alpha \leqslant 85\%$）、IV 区（$70\% \leqslant \alpha \leqslant 85\%$）、V 区（$60\% \leqslant \alpha \leqslant 85\%$）。

2) 径流峰值控制。为保障城市防洪安全，在低影响开发区域，城市雨水管渠和泵站的设计重现期、径流系数等设计参数仍然按照《室外排水设计规范》（GB 50014—2006）（2014 年版）中的相关标准执行。根据东湖港所处的武汉市控规，城市雨水管渠设计重现期采用 3～5 年设计暴雨重现期。

3) 径流污染控制。低影响开发雨水系统的年 SS 总量去除率一般可达到 $40\% \sim 60\%$。项目区年 SS 总量去除率宜取 60%。经分析，取降雨初期的 7mm 降雨作为初期雨水进行截流和处理。

4) 海绵措施设计。东湖港两岸地块狭长分布，雨水控制工程主要包括下凹绿地、雨水花园、渗透型植草沟、转输型植草沟等的设计（图 5-15）。其中沿绿道、园路一侧布置渗透型植草沟或是转输型植草沟；附属建筑附近及广场花坛内布置了 16 处下凹绿地；场地开阔地势较平坦地块布置 7 处雨水花园；路道、广场、园路以及绿地考虑雨水排放控制理念，局部选择透水混凝土绿道，透水性铺装，植被缓冲带。这些设施的设计可保证东湖港年均综合雨量径流系数为 0.14，年均径流总量控制率达到 86%，满足了

《海绵城市建设技术指南》与《武汉市海绵城市规划设计技术导则》年均径流总量控制率要求。

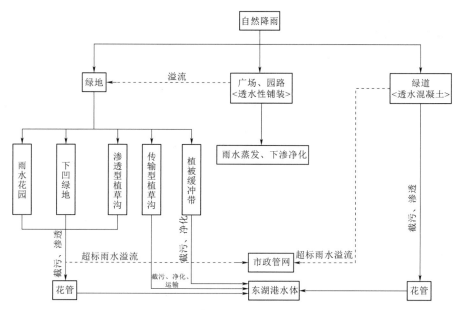

图 5-15　海绵措施设计工艺流程示意图

5）生态雨水口。沿线的岸坡根据雨水处置需要采用了"滞水型波浪花园""滞-净式地被岸坡""透-净型下垫层滞水带"等多种设计方法。对 10 个大小各异、高程体系复杂的市政雨水入河排口，采用滞、净结合的处置措施，初期雨水经岸坡的"滞、净、排、渗"的作用，将排入港渠内初期雨水进行预处理后排入港渠，可有效净化入渠雨水。

2. 景观之河

根据城市总体规划的要求，结合河道自然形态及两岸土地开发情况，对东湖港进行科学的景观功能划分，以形成景观风貌各异、使用人群多元、生态物种多样的城市休闲河道。

（1）景观定位。按照四廊合一的总体布局，综合其上位规划及区域形态，本次东湖港综合整治工程景观设计以渠畅、景美、水优为设计宗旨，着力于充分表现东湖港的河道形态、周边环境、文化风貌，文物古迹相互融合的特点，突出其生态野趣与人文景观相互呼应，打造多元化的休闲功能以满足所有年龄阶层使用者的需求，建立安全、宜人、舒适、充满活力的开放性慢行生态河道空间，构建低碳绿色示范港渠。

（2）设计分区。本次设计根据渠道形态特征及城市规划用地布局，东湖港滨水景观规划设计共划分为四个风貌段（图 5-16）。

1）鎏金承业段。本段临近于青山老工业区，主要为上游青山港与东湖港的承接段。"承"字提炼出其景观的设计意义，以青山区工业时代特点为主线，以表现对曾经辉煌的武钢，武汉石化，青山热电，青山船厂等企业符号的纪念，继而延续传承青山的后工业风貌，致力于打造一处连接青山港区域，又区别于"野趣"意味的后工业风貌景观，并对未来城市发展进步寄予进一步的展望与承业。

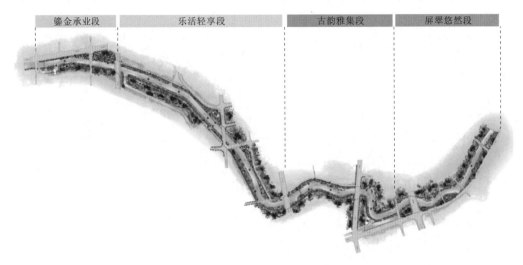

图 5-16　东湖港滨水景观规划设计总平面分区示意图

2）乐活轻享段。本段位于武汉杨春湖城市副中心范围内，周边规划商业及住宅鳞次栉比，富有城市鲜活的状态，从而以"轻"字概括出本段景观。设计起调轻快，中调线条感强烈，后调融于新中式手法做衔接。将此段打造成一派轻松生活的城市景观。结合城市规划用地，本区段右岸为城市公园绿地，远期规划建设为东湖港与沙湖港之间的"两港公园"，公园内本区段规划以运动活力为主题，结合其平面布置，区域内设有体育运动场、活动草坪及活水泉环等休闲运动设施及海绵科技技术展示设施。

3）古韵雅集段。本段以武汉现存年代最久的古桥——北洋桥作为景观节点进行辐射式的设计思考，沿河两岸的历史风情给予了较为多的元素提炼，以"忆"作为本段的主题，追思沿河往事，打造内敛怀旧、古韵古香的历史风貌景观。渠道右岸绿道以西结合现状地形，对基地竖向进行组织设计，形成山水融合的自然画卷，北洋桥西岸形成开放式大水域，从而满足东湖港区域内通航需求，同时利用地势来进行造景，形成独立的生境岛屿，营造动物栖息之所。

4）屏翠悠然段。本段为东湖港连接武汉大东湖的衔接空间，现状大量的苗圃和杉树林给予了区域内生态保护的大体定调，两侧为华侨城用地，连接东湖风景区。将此段打造成悠然恬静的冥想空间，形成生态蜿蜒的湿地景观，整体段落位于生态保护区内，为河道下游处，河道右岸现状为池杉林，根据上位规划，对池杉林（现为苗圃园）加以保护，不进行大范围的建设，设计在苗圃园间隙间修建步行道，穿插于池杉林之间，作交通联系，并在河道左岸红线范围内主要以乔木绿化为主，种植池杉背景林与对岸相互相应，形成一片绿林廊道。

3. 文化之河

统筹考虑东湖港周边区域文化风貌、历史底蕴及地形地貌的特点，利用道路、广场等建构筑物充分保护和恢复、延续和传承城市布局、建筑特色、地域文化等方面格局关系，塑造城市特色文化型河道景观。

（1）道路设计。为满足市民亲水性及休闲需求，利用渠道工程管理道路打造贯穿渠道沿线生态绿道，与武汉市城区绿道相衔接，设置可供行人和骑车者进入的景观游憩线路，集市民休闲、观光、科普教育功能于一体，以"自然-生态-野趣、保护-传承-发展"为主题，以体现生态环保理念，凸显野趣和自然风貌，体现地方历史和文化内涵为原则，创造吸引人的城市自然景观绿道，并提供与之适应的各项功能服务，构成城市慢性生活交通网络。

（2）交通组织。着重强调滨水空间对城市大众市民的开放性，滨水空间的出入口依据周边城市建设发展和人流疏散路线，分布于各区域道路交叉口。市民可通过外围城市道路便捷地进入滨水空间内部，城市慢行道与滨水空间内部慢行系统相互衔接，构成完整的城市生活步行系统。

（3）道路设计。考虑不同群体使用要求，基地内按照"一级（绿道）＋二级（主园路）＋三级（步行道）"的道路系统相互组合。

一级游路：系串联区块不同分区的主要道路，以利用堤顶道路作为绿道或防汛管理车辆使用，并与东湖绿道二期相连接，组成新城慢行系统的重要部分。

二级游路：主园路作为规划范围内部主要联系路网，联系各出入口和重要节点，并保证各区块或节点的独立性和私密性。

三级游路：为各区块和节点内部的便捷交通所设置的小路、小径，主要联系次要节点及滩地，组成主要别样的趣味性体验路线。由于水系以及自然地形较为复杂，局部区域采用了架空木栈道。

（4）桥梁设计。工程沿线共建人行景观桥 7 座，整体立面装饰样式以表达与民同乐、兴国安邦的情怀意境为根本，自北向南分别以"民乐""民欣""民安""民兴""民韵""雅集""屏翠"为名，表达了周边居民对于美好生活的无限憧憬和期待。

图 5-17　民欣桥（崔鸣　摄）

"民乐桥"以远山近岭为元素，通过不同深浅色彩的石材拼贴，形成灰白剪影，在河水的映衬下打造协调的山水意境，展示出自然、乐观的生态风貌。

"民欣桥"以东方红卫星、高铁、"一带一路"为文化元素，描绘与桥梁立面之上，代表着国家高速发展带来的一派欣欣向荣的景象（图 5-17）。

"民安桥"取坐落于长江两岸的龟山电视塔、黄鹤楼及长江大桥为背景，描述龟蛇锁大江的壮阔场景，极具武汉风貌特色，隐喻这座城市的人们休养生息、安居乐业的繁荣景象（图 5-18）。

"民兴桥"取武汉大学牌楼剪影为基础元素，以教育兴国、人才强国为根本，描述武汉的高校实力。

"民韵桥"与北洋古桥相隔仅 400m，两桥相得益彰，登高遥望，桥梁采用拱桥形式，桥身以上新建廊桥，整体风格与周边环境协调一致。通过今昔对比，感受岁月的变迁，既映衬了与民同乐、兴国安邦的情怀意境，又描绘了古朴诗韵的风貌，更展现了高楼矗立的现代化城市生活。

　　"雅集桥"和"屏翠桥"（图 5-19）临近东湖风景区，桥面采用钢架平桥样式，整体装饰元素隐于自然山林之中，有文人兴会、对酒当歌的浪漫色彩，透视风景区的文化底蕴和山水特色。

图 5-18　民安桥（张雅谦　摄）

图 5-19　屏翠桥（刘昱　摄）

三、黄石大冶湖湖堤加固工程（大冶湖生态新区核心区段）

　　大冶湖流域地处长江经济带腹地，是黄石市第一大湖泊。水面面积 54.7km²，流域面积 1106km²，湖泊常水位 16.55m，湖底平均高程为 11.05m。大冶湖地跨黄石市四县区界，是武鄂黄黄的重要生态节点和屏障，是国家重要的产业转型升级示范区、湖北省级层面重点生态功能区。

　　20 世纪 50—80 年代，周边县市对大冶湖的汊湖、湖面进行了大规模的围垦，围垦大小圩垸达 40 余处。为了保护圩垸，环大冶湖陆续修筑了围堤，全长约 88.496km，其中黄石经济技术开发区 43.396km，堤面宽一般 3～4m，堤顶高程 17.50～22.68m（冻吴高程）。本次工程涉及的黄石市大冶湖生态新区核心区范围位于大冶湖北岸的兴隆垸和冶钢农场圩垸，现行政区划属黄石市黄金山开发区（图 5-20）。

　　其中兴隆咀垸现状围堤长 4.7km，堤面平均宽 4m，保护面积 6.8km²，保护人口 1.4 万人，耕地 8160 亩，冶钢农场现状围堤长 4.3km，堤面平均宽 3m，保护面积 3 km²，保护人口 0.1 万人，耕地 3600 亩。

　　核心区区域内现地形北高南低，水网密集、港池众多，根据地势汇流进入湖堤北面的现状排涝泵站排出。规划区域内现有四条泄洪通道，自西向东分别是西区最西侧为柏树咀湾，承担西区西南角的汇水任务；西区中一条现状港道柏树咀港直排上游黄金山工业区来水；东西区之间的兴隆港承担由华家湾水库收集的山洪排至大冶湖；四棵水库收集的山洪水则由后背港排至大冶湖。由于核心区大部分用地为围湖造田产生的，核心区内地面现状标高普遍低于大冶湖的常水位（图 5-21）。

　　核心区段堤防现普遍存在堤顶高程欠高，堤身单薄，堤顶宽度窄，内外堤坡较陡，堤身土填筑质量差，堤内脚紧邻渊塘，部分堤段堤基浅层分布砂层等问题。今年汛期遭多次强暴雨引起的洪涝袭击，大冶湖持续高水位，核心区堤防普遍出现漫顶现象，部分堤段出现管涌和散浸问题，局部堤段发生溃堤险情。

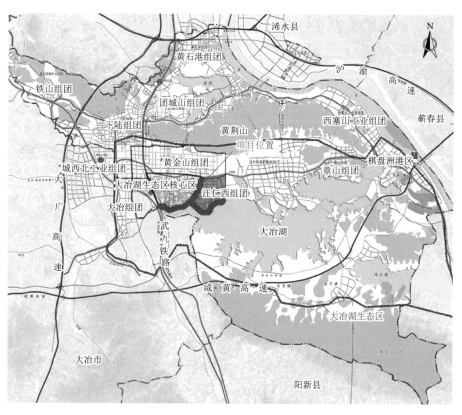

图 5-20 生态新区核心区在黄石市位置示意图

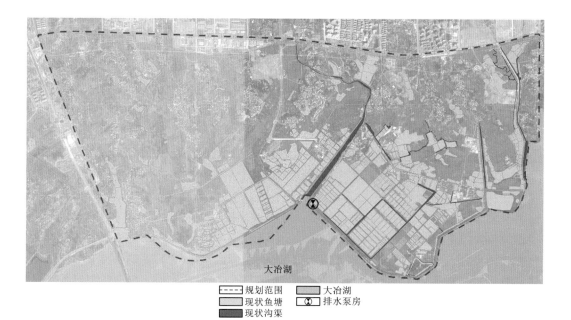

图 5-21 核心区内水系现状图

　　按照黄石城市转型发展要求，立足建设"鄂东特大城市"的城市总体发展目标，大冶湖生态新区核心区将承载大冶湖生态新区的核心功能，定位为大冶湖生态新区中央活力区。现核心区东区已完建园博园、矿博园、还迁区等项目，奥体中心正在施工建设。亟待加固提高堤防防洪标准，保证核心区的防洪安全。

　　本工程即对核心区范围内东区湖堤按 50 年一遇防洪标准进行加固，加固堤防总长 8.686km。

　　随着经济社会发展，城镇化进程的进一步加快，黄石市委、市政府决定建设大冶湖核心区。生态新区建成后，对防洪提出了更高的要求。现状大冶湖核心区所在圩垸的大冶湖堤大多于 20 世纪 50—80 年代围垦而成，一直以来缺乏整治，普遍存在堤身矮小单薄，断面不达标，堤顶高程不能满足防洪要求，严重地影响了湖堤的安全。

　　考虑应急与谋远的原则，针对黄石市大冶湖核心区东堤段的堤防加高加固，以增强防洪能力，提高大冶湖核心区生态条件，为大冶湖核心区的经济与社会发展提供良好的人居与投资环境，实现黄石市总体规划确定的治理目标（图 5-22）。

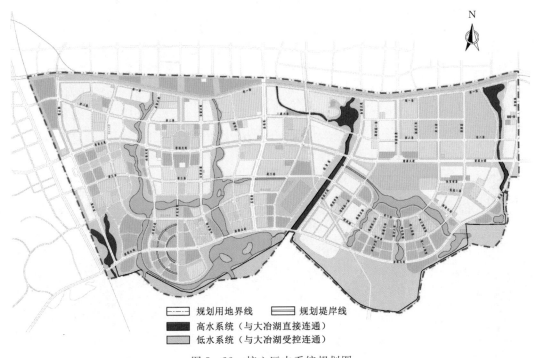

图 5-22　核心区水系统规划图

（一）设计定位及目标

　　工程建设以营造活力水岸，联动绿植空间，改善水系生态及圆梦水乡田园为目标，在保证防洪排涝的基础上，综合考虑岸线的安全、景观及生态等功能，注重岸线景观与城市建设相衔接，采用海绵城市建设理念与技术，改善滨湖岸线内的生境，恢复湖泊的自然景观，形成可持续的城市滨水空间与生态廊道，建设成为沿大冶湖生态自然风光带。

（二）方案设计

1. 总体布局

根据堤防两侧城市用地规划及岸线特征，堤防生态景观建设共分为三段式布局，即：创智湖公园段、滨河段及滨湖段（图 5 - 23～图 5 - 24）。

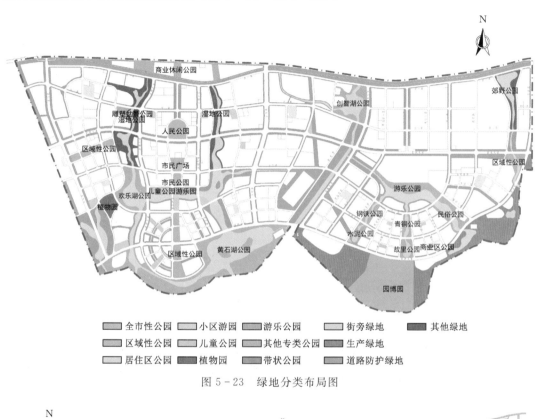

图 5 - 23　绿地分类布局图

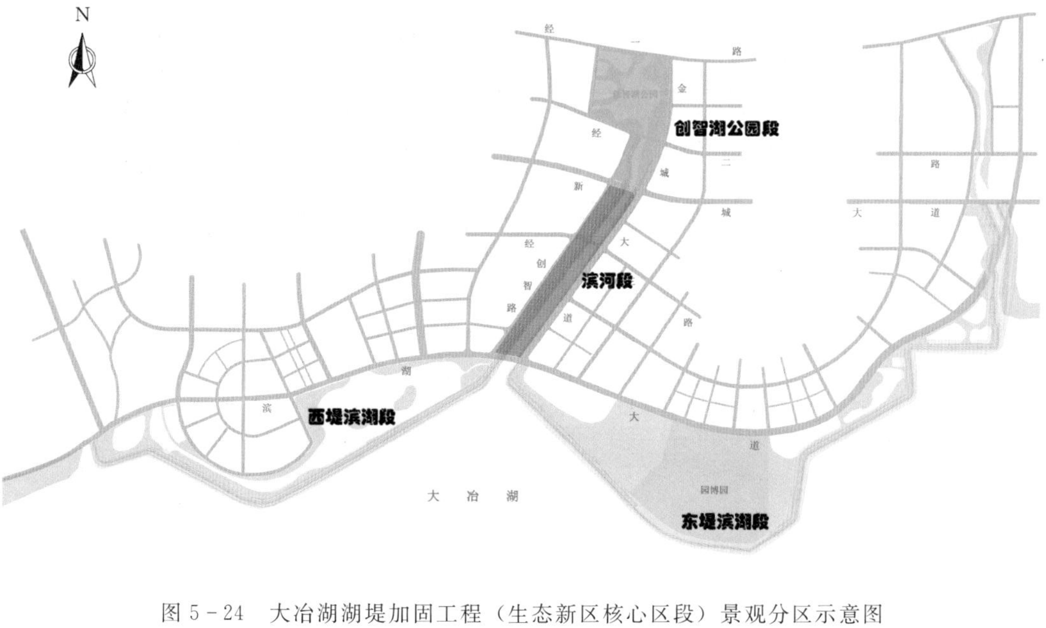

图 5 - 24　大冶湖湖堤加固工程（生态新区核心区段）景观分区示意图

创智湖公园段：该段东堤为堤路结合段，堤段全长 1.4km，堤外为规划建设中的创智湖公园。

滨河段：该段东堤为堤路结合段，堤段全长 2.8km，堤外为兴隆港河道。

滨湖段：该段为大冶湖堤防岸线，堤段全长 10.071km，东堤堤内为园博园，西堤堤内为规划建设中的黄石湖公园。

2. 堤防生态景观建设方案

（1）创智湖公园段。创智湖公园段堤身生态景观设计结合创智湖城市滨水公园绿地进行设计。临水侧以1：5生态袋护坡营造波浪形缓坡接至 3m 宽人行步道，坡面建立乔、灌、草及湿生植物的滨水生态带，以减少水流冲刷、稳固堤岸、保持水土，并利用植物群落的多样性重建生境，与公园景观相协调；背水侧以1：3草皮护坡接现状地面（图 5-25～图 5-27）。

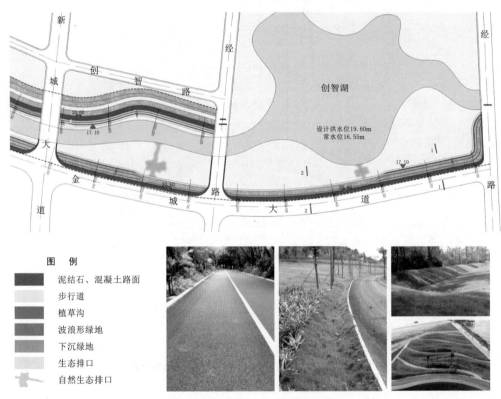

图 5-25　创智湖公园段平面布置图

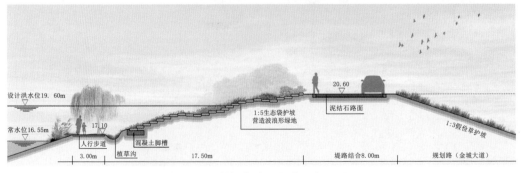

图 5-26　创智湖公园段典型断面图一

图 5-27　创智湖公园段典型断面图二

（2）滨河段。兴隆港滨河段堤身生态景观设计结合城市滨水生态廊及公园绿地进行考虑。临水侧以 1∶3～1∶5 生态袋护坡营造波浪形缓坡接至 3m 宽人行步道，并沿步行道每 200m 设置观景平台，坡面建立乔、灌、草及湿生植物的滨水生态带；背水侧以 1∶3 草皮护坡接现状地面（图 5-28～图 5-30）。

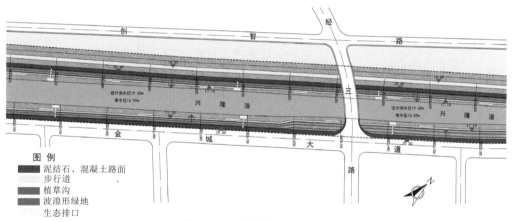

图 5-28　滨河段平面布置图

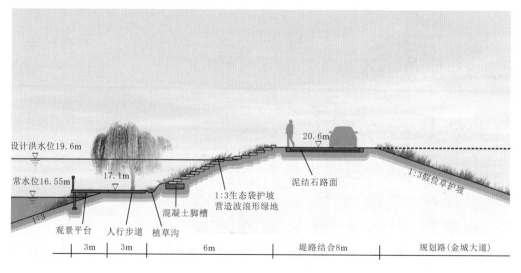

图 5-29　滨河段典型断面图一

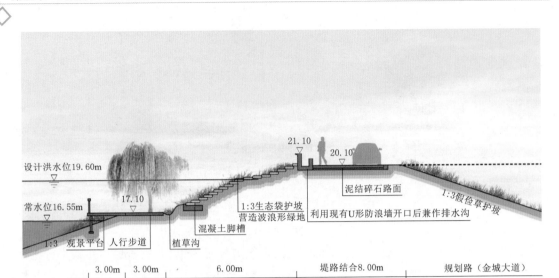

设计洪水位19.60m

21.10
20.10

常水位16.55m
17.10
泥结碎石路面
1:3假俭草护坡

1:3生态袋护坡
营造波浪形绿地
利用现有U形防浪墙开口后兼作排水沟

1:3　观景平台　人行步道　植草沟
混凝土脚槽

3.00m　3.00m　6.00m　堤路结合8.00m　规划路（金城大道）
（8.00m）

图 5-30　滨河段典型断面图二

（3）滨湖段。大冶湖滨湖段岸线东堤毗邻园博园，西堤毗邻黄石湖公园，规划将堤身岸线与两园区建设结合，临水侧以 1：3 生态袋护坡营造波浪形缓坡接至 3m 宽人行步道，常水位至洪水位段建立乔、灌、草及湿生植物的滨水生态带；背水侧以 1：3 波浪形草皮护坡接 3m 步行道及现状地面，坡脚边线外 10m 范围内结合城市道路种植景观林带作为堤防管理界线（图 5-31～图 5-32）。

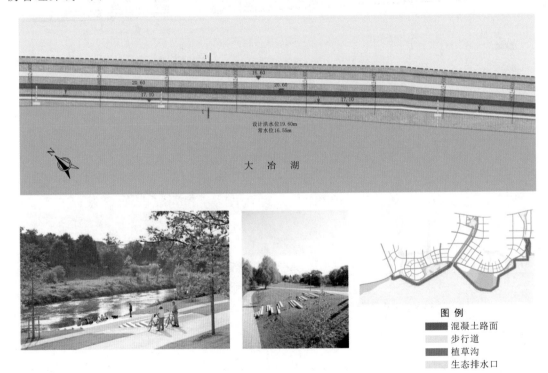

16.60
20.60　20.60
17.10　17.10

设计洪水位19.60m
常水位16.55m

大　冶　湖

图 例
混凝土路面
步行道
植草沟
生态排水口

图 5-31　滨湖标准段平面布置图

136

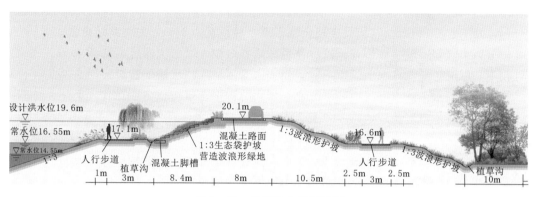

图 5-32　滨湖段典型断面图

3. 堤防海绵建设工程

海绵工程建设贯彻自然积存、自然渗透、自然净化的理念，转变城市发展理念和建设方式，采用"渗、滞、蓄、净、用、排"等多种技术措施，合理地控制雨水径流，使雨水就地消纳和吸收利用。

（1）海绵城市建设目标及标准。按照黄石市海绵城市建设及《海绵城市建设技术指南》相关要求，本次海绵城市建设设计目标面源污染（以 TSS 计）控制率为 60%。根据《黄石市大冶湖生态新区（东区、西区）专项工程规划》雨水按重现期 $P=3$ 年设计。

（2）堤防海绵城市建设方案。本项目堤防两岸绿地狭长分布，在工程建设过程中，结合"海绵城市"建设，优化景观设计，构建排水、道路交通、生态景观有机融合的多功能海绵体。本次设计采用的海绵设施主要为生态草沟、波浪形护坡绿地、下沉绿地、生态排水口（图 5-33）。

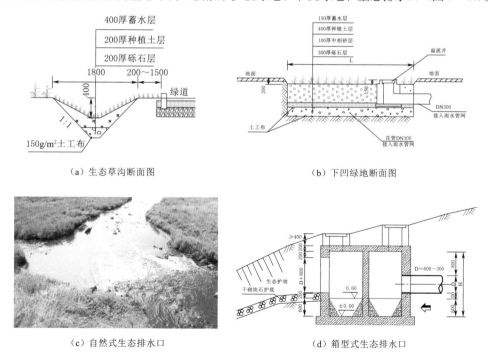

（a）生态草沟断面图　　　　　　　　　（b）下凹绿地断面图

（c）自然式生态排水口　　　　　　　　（d）箱型式生态排水口

图 5-33　海绵设施图

1）创智湖公园及滨河段。根据《黄石市大冶湖生态新区（东区、西区）专项工程规划——道路工程专项规划》，东堤规划金城大道，路段宽为 40m，为堤路结合段。

根据城市规划及现状地形，该段设计考虑规划金城大道雨水通过道路两侧下沉式绿地进行收集、沉淀，溢流进入溢流雨水口，经雨水管道汇入临水侧创智湖公园自然生态排水口。临水坡面雨水由波浪形绿地减缓流速，排入坡脚生态草沟截留、净化，汇集至创智湖公园自然生态排水口沉淀后，排入创智湖公园和兴隆港水体；背水坡由于规划金城大道，故暂不考虑。

东堤该段地形较高，设计沿堤外临水侧人行步道布置下沉式绿地，进行收集、沉淀临水面及人行步道雨水，经雨水管道汇入临水侧创智湖公园自然生态排水口。

西堤临水侧利用现有 U 形防浪墙开孔后兼作排水沟，道路雨水通过其收集均匀流入波浪形坡面绿地，以有效减缓雨水流速，达到峰值径流控制，坡面径流通过坡脚生态草沟截留、净化，汇集至生态排水口沉淀后排入兴隆港水体；背水侧雨水通过波浪形坡面绿地汇入坡脚生态草沟，收集进入新区市政雨水管网系统。

2）滨湖段。临水侧利用现有 U 形防浪墙开孔后兼作排水沟，道路雨水通过其收集均匀流入波浪形坡面绿地，以有效减缓雨水流速，达到峰值径流控制，坡面径流通过坡脚生态草沟截留、净化，汇集至生态排水口沉淀后排入兴隆港水体；背水侧雨水通过波浪形坡面绿地汇入坡脚生态草沟，收集进入新区市政雨水管网系统。

（3）海绵措施雨水净化流程图。如图 5-34 所示。

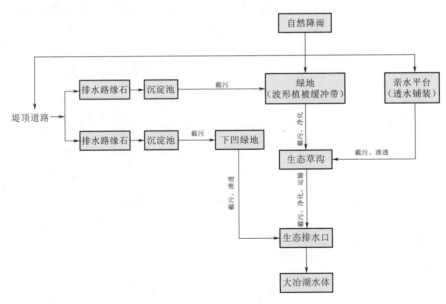

图 5-34　海绵措施雨水净化流程图

4. 堤防植物设计

根据上位规划的要求和堤防建设的保护功能，设计改造并完善植物群落，在植物选择上选取具有固土护坡、缓冲过滤、水质净化，具有良好观赏价值的种类，采用集约化和粗放相结合的栽植防治营造疏密有致、层次错落的景观效果，利用植物群落的多样性提高生

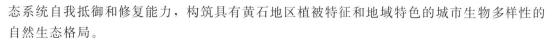

态系统自我抵御和修复能力，构筑具有黄石地区植被特征和地域特色的城市生物多样性的自然生态格局。

（1）常水位至洪水位区域。此区域范围是河岸水土保持、植物措施应用的重点区域。汛期时，岸坡会遭受洪水浸泡和水流冲刷；枯水期，岸坡干旱，含水量低。选用的植物应根系发达、抗冲性强的植物种类。如：垂柳、水杉、云南黄鑫、蒲苇、美人蕉、狼尾草、狗牙根等。

（2）洪水位至堤顶区域。此区域范围是河道生态环境建设的主要区域，土壤含水量相对较低，种植在该区域的植物夏季会受到干旱的胁迫，选用的植物应具有良好景观效果和一定的耐旱性。如：樟树、栾树、榉树、夹竹桃、鸡爪槭、垂柳、紫薇、红叶石楠、木芙蓉、红叶李、小叶女贞、红继木、春鹃、鸢尾、麦冬、狗牙根等。

第六章 河湖栖息地生态修复技术

水生生物栖息地是在河湖地貌过程（侵蚀冲刷、泥沙输移和沉积作用等）和水文过程（水温、流量和流速等）等驱动下形成的由河湖地貌形态和结构单元（如河床地形、底质、河岸形态等）等物理环境因素，与栖息在其中的其他生物群落一起构成的水生生物赖以生存和繁衍的空间和环境。受人为干扰影响，生境稳定性和异质性下降，生物群落随之发生变化。栖息地与生态修复旨在改良基地土壤、改善基底形态的基础上，因地制宜的植被恢复，同时通过调节水流及其与河（湖）床或岸坡岩土体的相互作用而在河湖内形成多样性地貌和水流条件，创造避难所、遮蔽物、通道等物理条件，从而增强鸟类和鱼类生物栖息地功能，提高种群自身维持和恢复能力。

第一节 基底恢复与改善技术

基底是水生植物的直接支撑地，是水域生态系统发育和存在的载体。良好的基底条件不仅增加生态系统生物多样性和稳定性，而且能为水体中污染物净化提供良好基础，是健康水域生态系统的重要保障。对于一些基底退化的河湖水域，实施土壤修复和地形地貌重塑，利于改善土壤性状，控制水流流态和营造适宜生物栖息生境。

一、基底恢复技术

基底恢复可有效改善底质生存环境，使其适合沉水植物生长，同时对底泥有机物等污染物进行原位吸附，加快健康生态系统的恢复和构建。

1. 基底改良

水域原有基底底质中通常含有丰富的氮、磷营养物质和重金属成分，一方面可被微生物直接摄入，进入食物链，参与水生生态系统的循环；另一方面，可在一定的物理化学及环境条件下，从底泥中释放出来而重新进入水中，导致水质污染反复。所以进行基底改良，控制沉积物内源污染释放，构建新的水生态微循环是一个非常行之有效的方法。基底改良包括物理改良和化学改良两种方式。

物理改良技术是在生态清淤之后，根据生物恢复或水文需要，通过客土等方式调整土壤密度或压实度来改良土壤性质。例如，黏性土水渗透较慢，考虑在底部构建由黏土层构成的不透水层，增强基底保肥能力和营养含量，防止有害物质对地下水造成潜在危害；在基底上覆填渗透性良好的沙土，不仅能有效提高湿地的水力学特征，而且还能为基底微生物及底栖动物提供更大的附着表面积，增加系统对污染物的净化能力。

化学改良技术是指施用化学改良剂改善酸性土壤和碱性土壤理化性质的过程。常用的化学改良剂有石灰、石膏、磷石膏、硫酸亚铁等。施用化学改良剂可以改变土壤的酸碱度、土壤溶液和土壤吸收性复合体中盐基的组成等。例如，施石灰于酸性土壤，可减弱土壤的酸度，亦利于土壤结构的形成；碱化土壤施用酸性物质，可降低土壤 pH 值和碱化度，对土壤结构改善也具有重要作用。

2. 基底修复

基底修复技术是利用生物的生命代谢活动减少存在于环境中有毒有害物质的浓度或使其完全无害化，从而使污染环境能够部分或者完全恢复到原始状态的过程，提高或改善土壤质量。生物修复技术易与水域环境融合，不会造成二次污染，因此在短短 30 年历史中就得到快速发展。其中，水生植物的恢复和重建是生态修复技术的主要内容之一，水生植物能在沉积物上形成有效的保护层，不仅能吸收沉积物中的氮磷营养盐，还能利用其发达的根系防止沉积物的再悬浮和污染物的溶解扩散。

此外，利用微生物的生命代谢活动也可降低土壤环境中有害物质的浓度。好氧时以芽孢杆菌、硝化细菌等好氧型活菌为主，将难分解的大分子物质分解成可利用的小分子物质，产生多种有机酸、酶等物质及其他多种容易被利用的养分，抑制有害菌、病原菌等有害微生物的生长繁殖；厌氧时以光合细菌、乳酸菌、酵母等厌氧菌为主，能够分解大分子有机物，去除水体中的氨、亚硝酸盐、硫化氢等有害物质。

二、基底营造技术

基底营造要与生物修复目标相结合，根据现有的基底条件，通过挖深与填高方法营造出凹凸不平、错落有致的地形基本骨架，确保拥有更大的表面来吸收地表径流中的营养物质，并且包含更多形态多样的空间和孔穴为水生生物提供栖息和庇护场所。

1. 营造浅滩

浅滩位于蜿蜒河流的弯段末端，其长度取决于纵坡，纵坡越大浅滩段越短。河床由粗糙而密实的卵石构成，水深较浅，流速相对较高，存在更多的湍流，有利于增加水体中的溶解氧，是湿地涉禽及两栖动物栖息繁衍的空间。浅滩可以通过对陡坡、硬化护岸进行削平平整以及对宽阔水面进行填土等方式营造。也可于浅滩错落有致地挖大小不同的小坑，堆放砾石或者枯木等方式增加生物多样性。这样既能让枯水期最大限度地存储食物及水分，也能增加地形的多样性，为水鸟提供更多食物来源，同时也为鱼儿、两栖动物提供产卵的空间（图 6-1）。

2. 营造深潭

深潭水深相对较深，流速缓慢，河床由松散砂砾石构成。当水流通过河流弯曲段时，深潭底部的水体和部分基底材料随环流运动到水

图 6-1　浅滩示例图

面，环流作用可为深潭的漂浮生物和底栖生物提供生存条件。深潭里有木质残骸和其他有机颗粒可供食用，所以深潭里鱼类生物量最大。深潭营造以凹形地形恢复为主，深挖基底形成深潭，深度应尽量保证所在地最冷月份底层水体不结冰，为鱼类休息、幼鱼成长及隐匿提供庇护场所，满足水生动物冬季栖息生存需求。同时可以通过在深潭设置枯木、种植沉水植物及石块等，确保地形更加多样化。

3. 营造岛屿

岛屿就是水中的陆地。多种多样的岛屿形态是水域环境的重要特征与景观特色。岛屿形状应根据水流的冲蚀规律来进行设计，外围边界应尽量曲折婉转，以形成类型多样的凹岸与庇护湾区。岛屿的面积不宜过大，应保证一定数量的小岛，出露水面高度宜为 0.5～1.5m，岸带坡度宜小于 15°。岛屿建造的方法多种多样，经常采用吹填或回填方式。其中吹填方式更适合于成岛面积大，工期压力不大的情况，吹填完成后需要进行地基处理才能够使用；回填方式适合于小面积人工岛及希望成岛速度快的条件。

4. 营造洼池、水塘等下凹地形

对于滨水带中平坦的地形，可以通过洼池、水塘等下凹地形营造，提高地表环境在空间分布上的不均匀性及其复杂程度。结合湿地植被的营造，从而达到蓄水、提升生物多样性的效果，同样在下凹地形中设置枯木及石块也能为昆虫及水生生物提供很好的繁衍栖息环境。洼地、水塘宜分散布置且规模不宜过大，面积与汇水面面积之比一般为 5%～10%，蓄水深度应根据植物耐淹性能和土壤渗透性能来确定，一般为 200～300mm。

5. 营造急流带、滞水带

基底结构恢复中，可以根据喜欢流水及静水的昆虫、鱼类及植被的不同设置急流带或滞水带。急流带可以通过提高入水口地势，加快流水速度营造，反之，滞水带的营造可以通过在出水口抬高地形或放置枯木及石块等材料，减慢流水速度。

第二节 河湖植物恢复技术

以水生高等植物为主，多种植物并存，具有高度生物多样性的健康河湖生态系统，具备净化水体提高水质的生态功能。通过恢复河湖水生高等植物群落，优化生态系统结构，构建健康的湖泊生态系统，是平原水网区城市水域富营养化控制的重要措施。

一、植物种类筛选

（一）种类筛选原则

河湖水域修复中植物种类的筛选，要确保该植物生长的环境条件与修复区条件相似。主要原则如下：

1. 注重层次结构，营造植被多样性

在植被恢复中，应该注重"乔、灌、草"陆生植物及浮水、沉水、挺水等水生植物的搭配方法（浮水植物的覆盖面不能超过明水面的三分之一，避免水下植物无法进行光合作用），通过植被有层次的搭配，形成错落有致的植被结构，营造植被的多样性。另外植被有层次的搭配也能为蓄水固土提供保障。

2. 优先选择乡土植被，严控外来入侵植被

在湿地植物的选择中，应该优先选择乡土植物，严禁选择外来入侵物种。因为乡土植物具有如下优势：

（1）具有土壤种子库优势：乡土植物经过长年累月时间积累，往往会在土壤中存在种子，利用好种子库的优势，能让湿地植被恢复工作事半功倍。

（2）具有环境适应性：乡土植物能较好地适应当地环境，同时能为当地动物种群提供食物及栖息环境，能更好地发挥食物链中作为生产者的作用，更好地维护整个湿地生态系统的平衡。

外来入侵物种的引入由于当地环境缺少天敌的原因，其快速的扩张性将会影响整个湿地生态系统的平衡与稳定，可以通过生物防治、化学防治及物理防治等方式，同时加强日常科研监测工作，对其进行防控。

3. 选用具有环境净化功能的植被，同时兼具观赏价值

在河湖环境敏感区域应尽可能选择耐污能力强的植物，以保证植物的正常生长，而且也有利于提高水域的污染物净化效果。同时考虑滨水区域作为游憩场所，空间层次往往体现在植物群落的营造上，植被的美学价值也很重要，如不同花期植被的栽植可增强滨水景观的丰富度。

（二）植物类型

1. 耐湿乔灌木

乔灌木都是直立性的木本植物，是园林绿化的骨架。耐湿乔灌木是指大多生长在水边湿润的土壤里，有的物种根部能浸没在水中，它们不是真正的水生植物，只是喜欢生长在有水的地方，根部只有在长期保持湿润的情况下才能旺盛生长。耐湿乔灌木不仅能强化滨水立面效果，丰富水岸空间层次，为游人创造良好的亲水环境，同时对动物栖息地的构筑也有良好的促进作用。耐湿乔灌木种类丰富，常见树种有垂柳、水杉（图 6-2）、池杉、水松、意杨、乌桕、杞柳等。

图 6-2　水杉

2. 挺水植物

挺水植物常分布于 0~1.5m 的浅水处，其中有的种类生长于潮湿的岸边。它的根或地下茎生长在泥土中，通常有发达的通气组织，茎和叶绝大部分挺立水面。常见的有芦苇、蒲草、荸荠、水芹、荷花（图 6-3）、香蒲等。挺水植物的特性包括适应能力强，根系发达，生长量大，营养生长与生殖生长并存，对氮、磷、钾的吸收都比较丰富。挺水植物群落恢复，有利于滨水带至敞水区植物的连续性布局，构成河湖水域的缓冲带，阻止和吸附污染物直接进入敞水区。

图 6-3 荷花

3. 浮叶植物

浮叶植物生于浅水中，根长在水底土中的植物，仅在叶外表面有气孔，叶的蒸腾非常大。这类植物气孔通常分布于叶的上表面，叶的下表面没有或极少有气孔，叶上面通常还有蜡质。浮叶植物的腔道形成连续的空气通道系统，通过这个系统，沉水器官可利用浮水器官的气孔与大气进行气体交换，免除因沉水造成缺氧。浮叶植物根一般因为缺乏氧气，所以由于无氧呼吸可以产生醇类物质。此外，通过叶柄也能给叶供给氧气，叶柄与水深相适应可伸得很长。常见的浮叶植物有菱、睡莲、莕菜、王莲等。浮叶植物去除氮、磷的作用显著，同时还能遏制沉积物再悬浮，具有改善水质的综合功能。

4. 沉水植物

沉水植物是指植物体全部位于水层下面营固着生存的大型水生植物。它们的根有时不发达或退化，植物体的各部分都可吸收水分和养料，在水下弱光的条件下也能正常生长发育，通气组织特别发达，有利于在水中缺乏空气的情况下进行气体交换。这类植物花小，花期短，以观叶为主，叶子大多为带状或丝状，如苦草、金鱼藻、狐尾藻、黑藻等（图 6-4）。沉水植物可以稳定和改善基质，增加溶解氧，吸附悬浮物，抑制藻类生长，提高水体透明度。在湖泊生态修复工程中提高沉水植物的覆盖度是一项重要任务。一般来说，内稳性低的沉水植物可以作为水生态修复的先锋物种。

图 6-4 金鱼藻、微齿眼子菜、黑藻、苦草

二、植物群落配置

在进行河湖水域植物配置前充分调查修复区的水文、地形、土壤等环境特征和现有植被状况，借助自然环境梯度构建相适应的植物群落，使其在没有人为干预的条件下能够自然演替。在植被退化严重的地方可先引入适应性强且对未来生物群落发展具有促进作用的先锋物种。

1. 陆上植被结构优化

对修复区域内的陆上植物群落（灌丛、森林等），根据不同植物物种对光的适应差异，运用垂直混交技术构建"乔木＋灌木＋地被植物"群落，形成丰富的植被层次（图 6-5）。根据水面的大小可以分为两种情况：其一，大面积水体区域，水面辽阔、视野宽广，多以高大乔木群植为主，注意群落林冠线高低起伏的变化和色彩的搭配，同时发挥草本植物的衔接过渡作用；其二，小面积的水体区域时，通常注意突出单个植物的姿态美，体量较大、姿态不优美的植物不宜在此处种植，在植物配置时上层乔木的数量或体量不宜过大，注意与水域面积的比例协调，灌木和草本层形成与水面互动，如迎春栽植处，探向水面，确保生长枝条能轻拂水面，增强水体景观的层次感。

图 6-5 陆上植被

2. 水生植被恢复

根据河湖水位变化情况营造水生植物的分带格局，水深由浅及深依次为挺水植物带、浮叶植物带、沉水植物带，形成滨岸水平空间上的多带生态缓冲系统。这种按水位梯度构建的条带式植物群落利用了物种在空间上的生态位分化，以提高滨岸带生物多样性和生态缓冲能力，并形成多样化生境格局（图6-6）。

水生植物配置根据水面面积、游客是否能够参与进来分为以下几种方式。

（1）水面面积较小、围合感较强的且具有完整边界的区域，以自然恢复为主，利用河湖土壤种子库，让其自然恢复。如果缺乏土壤种子库，可适量撒播漂浮和浮叶植物的繁殖体，同时考虑近视效果，注重植物的个体美，种类要单一，体量要适当，视线要开阔，尽量避免遮挡视线，植物的配置手法要自然，应该有梳有密，以展现自然情趣。

图6-6 水生植被

（2）水面面积较大时，以适量撒播沉水、漂浮和浮叶植物的繁殖体为主，按照水下沉水植物、明水面浮叶植物的群落配置格局，水下通过种植菹草、金鱼藻、黑藻等沉水植物，形成抗逆性强的"水下森林"；水体以具有2/3明水面为佳，浮叶植物覆盖面积不超过1/3水面。同时为了欣赏远景，可在离岸边较近的水面以种植高大挺水植物的幼苗或繁殖体为主，实现景深增强。植物配置应该注重整体大而连续的效果，以量取胜，给人以壮观的感受，如群植的荷花、睡莲等群落或多种水生植物组合的群落等；多种水生植物混合种植时，种类可适当丰富，配置应该主次分明，以形成特色。

（3）水面具有亭、折桥或亲水平台等园林建筑划分水面时，植物群落配置应注重与园林建筑的结合，如亭对应的水面应尽量少布置水生植物，留出空旷的水面展示建筑美丽的倒影，折桥两侧应注意空间的对比，一侧水面可种大量植挺水植物，一侧则需要种植浮水植物，形成空间的通透；亲水平台植物配置应该方便游客的亲水性，平台周围以种植花色艳丽的浮水植物为主（图6-7、图6-8）。

图6-7 拙政园

图 6-8　苏州博物馆

三、植物栽培和养护

1. 种植方法

湿地植物种植方法主要分为播种种子和移植根茎等繁殖体两种。挺水植物一般可以采用裸根幼苗移植、收割大苗的移植以及盆栽移植方法栽种；浮叶植物可采用先放浅水进行栽种，再逐渐加深的方法；浮水植物（漂浮植物）一般采用打捞引种法，并注意控制生长范围。

植物种植的设计密度根据植物类型、生长特性、成活率等要求，按有关标准确定。一般情况下，湿地植物施工密度可以适当小于设计密度。分生能力强的植物一般可以稀植。种植密度从分蘖特性大致可分三类：第一类是不分蘖，如慈姑；第二类是一年只分蘖一次，如玉蝉花、黄花鸢尾、德国鸢尾等；第三类是生长期内不断分蘖，如再力花、水葱等。针对不同的差别，种植密度可有小范围的调整。

一般陆生植物、球宿根植物的最佳种植时间为植物休眠期。水生湿地植物种植的最佳时间一般是春夏或初夏，设计时应考虑各种配置植物的生长旺季以及越冬时的苗情，防止在栽种后出现因植株生长未恢复或越冬植物弱小而不能正常越冬的情况。耐水性差的种类宜在生长期种植，耐寒性强的种类一般可在休眠期种植，耐寒性差的种类不宜在休眠期种植。

2. 种植深度

水生植物的栽种水深一般宜满足下列要求：①水深大于 110cm 时，除部分荷花品种外，不适宜其他挺水植物布置；②水深 80～110cm 时，适宜布置的植物有荷花等；③水深 50～80cm 时，适宜布置的植物有芦苇、香蒲、水葱等；④水深 20～50cm 时，适宜布置的植物有芦苇、香蒲、水葱、黄菖蒲、旱伞草、梭鱼草等；⑤水深小于 20cm 时，适宜生长的植物较多，除上述植物外还有千屈菜、长根草、薏苡等。

种植乡土植物应确保植物种植深度适当，回填土时浇水消除气泡，时常关注高大乔木直到它们成活。如果要在密集的草丛中种植乔木或灌木，要确保在每株植物间预留足够的草丛空间，以确保其后期长成。种植时用护根材料保持土壤水分，如用有机堆肥、农作物秸秆和麻袋，防止水土流失，在土壤贫瘠时能够起到添加有机质的作用。

3. 土壤种子库引入技术

作为湿地历史植被的"记忆库"，有活力的土壤种子库对于湿地植被恢复与建群至关重要。种子库引入技术包括利用原有水域基质中保留的种子库以及从其他区域转移种子库等两种方法。在移植种子库时应尽量选择与修复区原有植被类型、土壤条件等相似区域的土壤种子库，使修复区形成接近于原来的植被类型，以更好地适应湿地水文、土壤等环境要素，并与湿地生态系统中其他生物协同进化。也可用表土种子库喷播法恢复湿地植被。在引入种子库之前评估其物种组成、数量及是否具有目标物种的恢复潜力等条件。

4. 植物群落养护

植物群落养护主要包括对生长较好区植物的保育，生长过于旺盛区植物的收割管理，枯死期的植物收割移除，生长较差区的植物的补植，工程区外来物种的控制和清除，另外还包括植物病虫害的防治。

对于植被生物量过大的局部区域，在生长旺盛期（7—8 月）进行适当的收割调整，保证水生植物有合适的现存量，起到抑制藻类生长，吸收、吸附和拦截营养盐及颗粒物的作用；在植被枯死期（一般在 10 月至翌年 2 月），实施收割并将植物残体及时移出水域。

病虫害防治应以防为主，早观察、早发现，要防早、治小，将病虫害控制在发展初期。除了尽早发现病虫害，还要慎重对待，科学防治，尽量采用生物控制的方法，利用虫害天敌等驱虫治病，减少农药施用量，保护环境。

及时清除外来入侵物种，连同垃圾清理时同步清除，防止对水域生态系统产生危害。

对于滨水带内的死亡水生植物和枯枝败叶要及时清理，防止产生二次污染。

第三节　动物群落栖息地水利要素

"栖息地"一词最先是由美国生态学家 Grinnell 提出的，指生物出现的环境空间范围，一般指生物居住的地方，或是生物生活的地理环境。2011 年重新修订的《中华人民共和国野生动物保护法》中将栖息地定义为"栖息地是野生动物集中分布、活动、觅食的场所，是野生动物赖以生存的最基本条件，也是生态系统的重要组成部分。"广义上讲，栖息地概念中不但包含了生物的生存空间，同时也包含了生存空间中的全部环境因子。鸟类栖息地是指为鸟类提供栖息和停歇、提供安全繁衍的场所，其能够在该场所形成种群和群落，在其中生存、繁衍，该场所有各种满足动物生存需求的生态环境因子，能够为鸟类提供食物、水分、隐蔽环境及繁殖场所等；鱼类栖息地是指鱼类能够正常生活、生长、觅食、繁殖以及进行生命循环周期中其他重要组成部分的环境总和，包括产卵场、索饵场、越冬场以及连接不同生活史阶段水域的洄游通道等。影响鱼类生存的非生物因素主要包括水深、流速、基质、覆盖物、河道形态、水质等等。而在这些方面，不同的动物对于栖息地又有不同的需求。

一、鸟类栖息地

湿地是鸟类的聚居地，为鸟类提供了不可代替的栖息环境。一般而言，在湿地公园中水域占据比例应该高达其中的一半。在园林景观的整个设计中水域设计发挥着关键性作用，且对于鸟类吸引和停留均具有较好的效果。应对鸟类的栖息地环境进行针对性的调整和营建，修复生态系统食物链、提高水质、重塑水域岸线、控制水深，提升鸟类栖息地的适宜程度，增加鸟类多样性（黄潇以，2020）。

1. 水体类型

湖泊、沼泽、泥滩地等丰富的湿地水体类型不仅可以为鸟类提供多样的栖息地类型，丰富鸟类多样性，而且也可以为鱼类、虾类和软体类动物提供适宜的栖息地，从而为鸟类提供丰富的食物源。

鸟类栖息地的水体类型主要包含水系和水体形态两项内容。

（1）水系：结合现状水系特征，维持湿地区域的活水特点，在此基础上构建水系网络。

（2）水体形态：借鉴传统的园林水系模式，结合水体深度、水面范围和水体流速等，营造滩涂、泉、瀑、溪、湾、浅水沼泽、草木沼泽等在内的各类水体类型（杨云峰，2013）。

2. 水深控制

不同种类的鸟类对水域深度有不同的要求，一般来说，涉水鸭类的适宜水深不大于45cm；而鹬鸻目活动水深为 30～200cm、鹈形目水鸟觅食适宜水深为 20cm。虽然湿地水深是水鸟出现的重要决定因素，但也需控制在合理范围内，否则随着水位上升，滩涂等区域可能被淹没，导致水鸟栖息地异质性、无法有效觅食，也难以在此繁衍生息。因此在构建鸟类栖息地时进行不同深度水体的营造，满足多种鸟类的需求。

鸟类栖息地按照不同水深可以大致分为三个区域：浅滩区（0.1～0.3m）、浅水区（0.3～2.0m）及深水区（2.0～4.0m）。

浅滩区位于水陆交错区，是部分湿生植物与挺水植物的生长区，也是水鸟（游禽和涉禽）最为重要的筑巢与觅食地，通常比较适宜小型涉禽活动，因此，岸际和湖泊内应设置相当比例的水深 10～23cm 的浅滩区；浅滩区挺水植物、沉水植物的覆盖率 40%～60% 为宜，以片植为主，并可围合若干小型的内部安全水域；基底不可全为淤泥，增加部分沙石更利涉禽站立。并且为了确保涉禽繁殖安全，可在芦苇荡等潜在的繁殖地周围将水深加至 80～100cm，避免食肉动物进入。

水深 0.9～1.2m 的浅水区在湖泊水域面积中所占比例最大，一般在 50%～75% 最为合理，是各类鱼群活动最多的场地，也是水生植物的主要生长场所，适合大型涉禽生存，如鹭类（江国英，2012）。

深水区位于远离水岸的湖心区，是一些水鸟的觅食场所，因此，在栖息地的建设中，有必要综合考虑湿地鸟类习性的差异，为其提供适宜水深的水域生境，例如针对鹈鹕科、鸭科为主的游禽，为其栖息活动设置深度 0.5～2.0m 的水域，并设置 30m 以内的浅滩区域提供觅食（杨云峰，2013）。

3. 流速和水位变化

觅食地和栖息地水流速度宜缓，尤其是筑巢期和繁殖期。如鸭科鸟类，要求繁殖期繁殖区流速低于 1.6km/h，觅食的流速小于 4.8km/h。在 4—7 月鹬鸻科鸟类的筑巢期，水位涨落幅度 10～30cm 为宜。

4. 水质控制

洁净的水体是鸟类栖息地的基本要求。葛振鸣等 2004 年对上海 8 个园林绿地的春季鸟类研究发现，水鸟栖息过程将受到来自水质的重要影响。

鸟类栖息地的设计和规划，应该尤为注重水循环系统的运用和水资源的选取。首先选取优质水源，通过水体形态的构建形成循环的水资源流动体系，保证来水质量；同时种植适宜的水生植物，一方面加强对农药、重金属等物质的吸收，另一方面沉降泥沙、净化水质，保证鸟类栖息区域的水资源的清洁程度。

二、鱼类栖息地

影响鱼类生存的因素包括非生物因素和生物因素。非生物因素主要包括：水深、流速、基质；覆盖物河道形态（深潭、浅滩、急流等）；水质、水温、浊度和透光度等。

1. 水深设计

鱼类的生存活动对水体的深度有着不同的要求，同时栖息地的设计还要保证鱼类拥有充足的食物源，因此水深的设计不仅要满足各种鱼类的需求，还要满足不同水生植物的水深要求，保证各类型水生植物的生存空间，为鱼类提供充足的饵料植物与生物。不同鱼类对水深的要求见表 6-1，不同植物对水深的要求见表 6-2。

表 6-1　　　　　　　　　　　　不同鱼类对水深的要求

生活水深/m	鱼 类 名 称
0～1.0	宽鳍鱲、红鳍鲌、银飘、中华鳑鲏、高体鳑鲏、彩石鲋、无须鱊、彩副鱲、大鳍刺鳑鲏、越南刺鳑鲏、短须刺鳑鲏、泥鳅、黄鳝、圆尾斗鱼等
1.0～2.0	胭脂鱼、鳡鱼、赤眼鳟、翘嘴红鲌、蒙古红鲌、鳙鱼、鲢鱼、白鲫、蛇鮈等
2.0～3.0	青鱼、草鱼、长春鳊、团头鲂、三角鲂、银鲴、逆鱼、刺鲃、厚唇鱼、鲤鱼、唇鲴、花鳕、华鳈、银色颌须鮈、乌鳢、月鳢、鲫鱼、鳜鱼、黄颡鱼等
>3.0	鳗鲡、胡子鲶、鲶鱼、长吻鮠、松江鲈鱼等

表 6-2　　　　　　　　　　　　不同植物对水深的要求

适宜水深/m	植 物 名 称
<0.3	野荞麦、斑茅、蒲苇菖蒲、风车草、水葱、花叶芦竹、落羽杉、池杉、水杉、花叶芦荻、花叶香蒲、荚蒾、蜘蛛兰、灯心草、香姑草、节节草等
<0.6	萍蓬草、千屈菜、石龙芮、菰、花叶水葱、香蒲、黄菖蒲、水毛花、梭鱼草、水葱、芦竹、芦荻、再力花等
<1.0	水罂粟、睡莲、荷花、芦苇
<2.0	黑藻、苦草、菹草、荇菜、菱

鱼类栖息地按照不同水深大致可以分为浅滩区、浅水区及深水区三个区域。三个区域对鱼类有着不同的生态功能：

（1）浅滩区（0～0.3m）。此处位于水陆交错区，是部分湿生植物与挺水植物的生长区。该处对鱼类栖息的功能主要有：①拦截城市污水、洪水，对鱼类生存水域水质起到过滤、净化的作用；②缓冲、过渡外界干扰，为鱼类提供相对安全的生存环境；③浅水湿地具有丰富的生物量，可为一些近岸鱼类及幼鱼提供丰富的食物源；④此处或是水草丛生或是浅水卵石滩，这样的环境是草上产卵型与石砾产卵型鱼类的理想产卵场，如鲤亚科、鲌亚科、麦穗鱼等；⑤水草环境或沿岸的乔灌木可为鱼类提供大量的庇荫区。

（2）浅水区（0.3～2.0m）。此处在湖泊水域面积中所占比例最大，一般在50%以上，是各类鱼群活动最多的场地。浅水区是水生植物的主要生长场所，包括挺水、浮水、浮叶、漂浮及沉水植物。植物所创造的复杂多样性环境可为多数水生动物，如水生昆虫、浮游动物、浮游植物等提供合适的生存环境，因此，此处必然是鱼类食物源最丰富的地方。另外，水草丛生的环境也是鱼类躲避天敌与产卵的理想场所。

（3）深水区（2.0～4.0m）。该区位于远离水岸的湖心区，主要功能是为深水鱼类提供索饵场、产卵场及越冬场，同时还是一些洄游性鱼类的洄游通道。根据相关研究成果，鲤、鲫、瓦氏黄颡鱼等产黏沉性卵鱼类倾向于在砾石河滩或者水生植物茂盛处产卵，仔鱼孵出后在产卵场附近进行索饵。鲤、鲫等鱼类的产卵繁殖以水生植物（包括水中草质漂浮物）为黏附基质，瓦氏黄颡鱼产卵繁殖则主要以砾石、卵石等为黏附基质。

以水生植物为产卵基质的鱼类产卵场通常分布在河流的沉水植物茂盛或者被水淹没的草地浅水静僻地带，水深一般为0.3～1m，水有微弱的流动，尤其是那种有水流注入使产卵区域水体呈微流状态的水库库湾或支流汇口区域。

以砾石、卵石等为产卵基质的鱼类产卵场底质多为砂石、砾石的流水河漫滩，产卵水深在0.2～0.5m，受精卵落入石缝中，在水流的不断冲刷下顺利孵化。

尚士友等（1995）认为当水深为1m左右，并控制水生植物生长密度在2～3kg/m²（湿重）时，对净化水质和保证水体透明度是比较适宜的，同时对产黏性鱼卵的鱼类和底栖动物的产卵、摄食和栖息也是比较有利的。经过很多专家的研究证明，浅水水域比深水水域更适合野生生物栖息。湖泊中，鱼类活动最多的区域也为浅水区。因此，在湖泊的水深设计中，主要以浅水水域为主。由水岸伸向水面的顺序，近岸控制部分区域水深为0.15m左右，为幼鱼提供孵化、栖息地；中部大部分水域水深控制在0.3～2m范围内，平均水深1m，为湖泊中大部分鱼类提供觅食、栖息及产卵的场所；在远离湖岸的湖心部分局部挖深至3～4m，为深水鱼提供栖息、庇护及鱼类越冬之用；同时，湖底由浅水区至深水区应呈现一定的坡度。

2. 流速变化

通过地形抬高和地形削平相结合的方法营造急流带。在来水方向抬高地形，与出水方向形成倾斜状地形，加速水体流动，为喜流水的鱼类提供适宜的流水环境；在出水方向抬高地形形成类似堤坝形态的基底结构，或者在基底堆积石块，恢复滞水带地形，以减缓水体流动速度的方式实现滞水效果，营造滞水带为鱼类、穴居或底埋动物提供适宜生境。

第四节　河湖栖息地生态修复案例

洪湖湿地（图6-9）位于千湖之省——湖北省的中南部，长江中游北岸，是湖北省首家湿地类型自然保护区，2008年列为国际重要湿地，2014年晋升为国家级自然保护区。洪湖自然保护区是江汉平原四湖流域的中下游区，也是长江和汉水支流河之间的洼地区域。行政区划隶属荆州市，位于洪湖市和监利市境内，范围在东经113°12′～113°26′，北纬 29°49′～29°58′之间。保护区以洪湖围堤为界（边界线总长度为 104.5km），由洪湖大湖水域及湖周滩地、沼泽、池塘等组成，总面积 41412hm²。洪湖自然保护区是以洪湖大湖为主体的"内陆湿地和水域生态系统类型"自然保护区，以水生和陆生生物及其生境共同组成的湖泊湿地生态系统、未受污染的淡水环境和物种多样性为保护对象，其中核心区面积 12851hm²，缓冲区面积 4336hm²，试验区面积 24225hm²，边界线总长度 104.5km。

图 6-9　洪湖湿地概化图

一、自然保护区概况

（一）自然环境

1. 地形地貌和气象

洪湖地势自西北向东南呈缓倾斜，形成南北高、中间低、广阔而平坦的地貌，海拔大多在 23～28m。最高点是螺山主峰，海拔 60.48m；最低点是沙套湖底，海拔只有 17.9m。

洪湖市年平均气温 16.6℃左右。全市气温由东南向西北逐渐递减，常年最冷月为 1 月，平均气温 3.8℃。常年最热月为 7 月和 8 月，平均气温 28.9℃。洪湖境内年均降雨日为 135.7d，降雨量在 1060.5～1331.1mm。

2. 水文

洪湖为湖北省第一大淡水湖，平均水深 1.35m，洪水期深 2.32m。当水位在 24.5～26m 时，湖水面积可达 60 万亩，其相应蓄水容积为 5.5 亿～8 亿 m^3。洪湖市地表水资源为 19.10 亿 m^3，占湖北省水资源总储量 1.9%，人均 2528m^3。

3. 生物资源

(1) 植物资源。洪湖自然保护区现有维管束植物 471 种 21 变种 1 变型种，浮游植物 280 种。其中有国家Ⅱ级重点保护植物粗梗水蕨（*Ceratopteris pteridoides*）、野莲（*Nelumbo nucifera*）、野菱（*Trapa incisa*）3 种。

1) 浮游植物。洪湖浮游植物共 280 种（包括变种、变型种），隶属 7 门 77 属，按种类多少依次为绿藻门，有 32 属 133 种；硅藻门有 20 属 97 种；蓝藻门有 13 属 26 种；还有裸藻门、金藻门、甲藻门、隐藻门等。洪湖四季分明的亚热带气候条件引起藻类群落结构发生相应季节变化明显，全年出现两个高峰季节。

2) 水生高等植物。洪湖水面开阔，水浅，气候适宜，日照时间长，底泥营养物质丰富，促进了水生植物群落的生长，使得水生高等植物资源十分丰富。洪湖水生高等植物共 162 种（包括变种），隶属于 44 科 90 属，共 162 个分类群，其中蕨类植物 5 科 5 属 5 种，裸子植物 2 科 2 属 4 种，双子叶植物 25 科 43 属 67 种 1 变种，单子叶植物 12 科 40 属 81 种 4 变种。在这 162 个分类群中，湿生植物有 88 种 2 变种，挺水植物有 22 种 5 变种，浮叶根生植物有 12 种，漂浮植物有 13 种，沉水植物有 20 种，它们分别占洪湖水生植物区系的 55.83%、16.56%、7.36%，7.98% 和 12.27%。

(2) 动物资源。

1) 鸟类资源。洪湖作为重要的湿地水禽越冬栖息地，每年在这里栖息的雁、鸭等水禽数万只，是鸟类的天堂和乐园。洪湖自然保护区现有鸟类 138 种（其中水禽 68 种），隶属于 16 目 38 科。其中有国家Ⅰ级重点保护鸟类东方白鹳（*Ciconia boyciana*）、黑鹳（*Ciconia nigra*）、中华秋沙鸭白尾海雕（*Haliaeetus albicilla*）、白肩雕（*Aquila heliaca*）大鸨等 6 种；国家Ⅱ级重点保护鸟类有白额雁（*Anser albifrons*）、大天鹅（*Cygnus cygnus*）、小天鹅（*Cygnus columbianus*）、白琵鹭（*Platalea leucorodia*）、鸳鸯（*Aix galericulata*）、黑鸢（*Milvus migrans*）、松雀鹰（*Accipiter virgatus*）、大鵟（*Buteo hemilasius*）、普通鵟（*Buteo japonicus*）、红脚隼（*Falco vespertinus*）、斑头鸺鹠（*Glaucidium cuculoides*）、短耳鸮（*Asio amurensis*）、草鸮（*Tyto longimembris*）等 13 种；此外还有苍鹭（*Ardea cinerea*）、大白鹭（*Egretta alba*）、绿头鸭（*Anas platyrhynchos*）、大杜鹃（*Cuculus canorus bakeri*）等湖北省重点保护鸟类 40 种。

2) 两栖类资源。洪湖自然保护区现有两栖动物 6 种，隶属于 1 目 2 科，分别为中华大蟾蜍（*Bufo gargarizans*）、黑斑侧褶蛙（*Pelophylax nigromaculatus*）、虎纹蛙（*Rana tigrina*）、金线侧褶蛙（*Pelophylax plancyi*）、泽陆蛙（*Fejervarya multistriata*）、饰纹姬蛙（*Microhyla ornata*），其中虎纹蛙为中国唯一的重点保护蛙类，国家Ⅱ级重点保护动物，其他 5 种均为湖北省重点保护野生动物。

3) 爬行类资源。洪湖自然保护区现有爬行动物 12 种，隶属于 2 目 7 科，分别为乌龟（*Mauremys reevesii*）、鳖（*Pelodiscus sinensis*）、多疣壁虎（*Gekko japonicus*）、蓝尾石龙

子（*Eumeces elegans*）、蝘蜓（*Sphenomorphus indicus*）、虎斑颈槽蛇（*Rhabdophis tigri-nus*）、黑眉锦蛇（*Elaphe taeniura*）、王锦蛇（*Elaphe carinata*）、红点锦蛇（*Elaphe ru-fodorsata*）、乌梢蛇（*Zaocys dhumnades*）、短尾蝮（*Gloydius brevicaudus*）、银环蛇（*Bungarus multicinctus*）。其中王锦蛇、黑眉锦蛇、乌梢蛇和银环蛇为湖北省重点保护野生动物。

4）兽类资源。洪湖自然保护区现有兽类 13 种，隶属于 6 目 7 科，分别为黑麂（*Muntiacus crinifrons*）、河麂（*Hydropotes inermis*）、刺猬（*Erinaceus europaeus*）、华南兔（*Lepus sinensis*）、猪獾（*Arctonyx collaris*）、狗獾（*Meles meles*）、普通伏翼（*Pipistrellus abramus*）、褐家鼠（*Rattus norvegicus*）、黄胸鼠（*Rattus flavipectus*）、小家鼠（*Mus musculus*）、黑线姬鼠（*Apodemus agrarius*）、东方田鼠（*Microtus fortis*）、黄鼬（*Mustela sibirica*）。其中黑麂为国家 I 级重点保护野生动物，河麂为国家 II 级重点保护野生动物，华南兔、猪獾、狗獾为湖北省重点保护野生动物。

5）浮游动物和底栖动物。洪湖自然保护区的浮游动物和底栖动物种类较多，包括原生动物、轮虫、枝角类、桡足类、底栖无脊椎动物共计 477 种。其中原生动物 198 种，隶属于 8 纲 29 目 63 科；轮虫 103 种，隶属于 1 纲 5 目 14 科；枝角类和桡足类 78 种，隶属于 1 纲 4 目 12 科；底栖无脊椎动物 98 种，隶属于 1 纲 10 目 57 科。在底栖腹足类中，中国圆田螺（*Cipangopaludina chinensis*）和中华圆田螺（*Cipangopaludina cahayensis*）较多，折叠萝卜螺（*Radi plicatula*）较稀有；在底栖瓣鳃类中，较优势种类有三角帆蚌（*Hyriopsis cumingii*）、背角无齿蚌（*Anodonta woodiana*）、短褶矛蚌（*Lanceolaria glayana*），较常见的有楔形丽蚌（*Lamprotula bazini*）、背瘤丽蚌（*Lamprotula leai*）、扭蚌（*Arconaia lanceolata*）；在寡毛类底栖动物中，中华新米虾（*Neocaridina denticula-ta sinensis*）、细足米虾（*Caridina nilotica gracilipes*）、中华小长臂虾（*Palaemonetes sinensis*）、日本沼虾（*Macrobranchium nipponense*）较多，分布全湖。

6）鱼类资源。洪湖鱼类资源十分丰富，是湖北省主要产鱼区，淡水渔业产量居全国县市第二位。洪湖自然保护区现有淡水鱼类 62 种，隶属于 7 目 18 科，鲤科鱼类种类最多，占 58.5%。其中有国家 II 级保护鱼类胭脂鱼（*Myxocyprinus asiaticus*）、鳗鲡（*Anguilla japonica*），湖北省重点保护鱼类太湖短吻银鱼（*Neosalanx tangkahkeii taihuensishen*）、鳡（*Ochetobius elongatus*）。在众多的鱼类资源中，凶猛和肉食性鱼类占 57.4%，如乌鳢（*Channa argus*）、鳜（*Siniperca chuatsi*）、黄颡鱼（*Pelteobagrus fulvidraco*）、黄鳝（*Monopterus albus*）、青鱼（*Mylopharyngodon piceus*）；杂食性鱼类占 22.2%，如鲫（*Carassius auratus*）、鳡、泥鳅（*Misgurnus anguillicaudatus*）、胭脂鱼；以水草为食的仅占 7.4%，如草鱼（*Ctenopharyngodon idellus*）、鳊鱼（*Parabramis pekinensis*）；以藻类和腐屑为食的有鳑鲏（*Rhodeinae*）和鲴类共 7 种，占 13%；而食浮游生物的仅有鲢（*Hypophthalmichthys molitrix*）、鳙（*Aristichthys nobilis*）2 种。

（二）已开展工作

洪湖自然保护区始建于 1996 年，2000 年晋升为省级自然保护区，2008 年被列入《国际重要湿地名录》，2014 年晋升为国家级自然保护区。洪湖自然保护区自成立以来，组建了管理机构、配备了管理人员，进行了基础设施建设，坚持开展日常工作，生态系统功能明显增强，动植物资源得到了一定保护。在上述国际、国内背景下，对标国际重要湿地、国家级示范自然保护区、IUCN 保护地绿色名录中国标准，按照《国家级自然保护区规范化建设和管理导则（试行）》（环函〔2009〕195 号）文件要求，编制《湖北洪湖国家级自然保护区总体规划（2017—2026 年）》。

2005—2008 年，洪湖实施了抢救性保护，共拆除 2.51 万 hm² 渔业养殖围网，安置 2535 户专业渔民；2009 年积极应对了外来物种水花生的暴发；2011 年开展了极端气候条件下生态恢复应急响应，开展了湿地生态补偿试点；持续开展外来物种水葫芦的集中治理，2014 年建成野外视频监测指挥中心和 5 个野外视频监测点，开展了 3 次综合性调查，参加全国候鸟东部迁徙通道栖息地评估。通过生态恢复，洪湖生态环境逐步好转，水质从 Ⅳ 类（局部地区达到劣 Ⅴ 类）恢复到 Ⅱ～Ⅲ 类，水草覆盖率从不到 40% 恢复到 80% 以上，冬候鸟从不到 2000 只恢复到近 10 万只。为此，在 2006 年第十一届世界生命湖泊大会上，洪湖的湿地恢复项目被视为中国湿地保护的一个亮点和转折点，并成为我国首次被授予"生命湖泊最佳保护实践奖"的湖泊。

2014 年国家林业局为洪湖湿地及周边地区共计投入湿地生态效益补偿资金 3000 万元，其中洪湖自然保护区使用补偿资金 1600 万元，启动了全球环境基金（GEF）赠款项目，2015 年又得到湖北省唯一的退耕还湿试点项目支持。

（三）曾存在的问题

1. 保护与社区发展不协调

洪湖地处洪湖市和监利市，沿湖周边分布着 11 个乡镇 127 个行政村，是主要农业产区，人口密集。长期以来，湖区周边村民的经济来源主要依赖对洪湖湿地自然资源的利用，如捕捞、围网养殖、水草利用、池塘养蟹、围垦、猎捕水鸟以及不合理的大湖旅游开发等。由于没有科学规划和统筹安排，这些原始的、高密度、低层次的资源利用方式不仅经济效益低，而且对水禽及其栖息地的人为影响巨大，极大地破坏了湿地的生态功能。

在洪湖自然保护区内，社区居民的经济来源较为单一，基本以渔业为主。在没有形成成熟的上岸渔民生计保障机制之前，渔民上岸后生活生计难以保障，围网拆除行动必然带来一些不可避免的矛盾冲突。与此同时，保护区还在落实为期 4 个月的禁渔期制度，禁止任何形式的捕捞作业却未对渔民作出任何生态补偿，这使得渔民在此期间基本失去了生活来源，渔民生计与生态保护之间矛盾更为深化。

2. 生态系统健康恶化

洪湖大规模的围网养殖对洪湖的水质造成了极大的影响。有研究指出，围网内的环境污染综合指数在枯水期要远大于围网外的，围网养殖对湖泊的局部污染严重；围网前水质基本可以达到Ⅱ类水质标准，开始围网后洪湖水质逐步恶化，且围网养殖面积与水质恶化的程度有着相同的变化趋势，总氮的含量变化尤为明显，随着围网养殖规模面积的扩大急速增加，造成了水体的富营养化。此外，凤眼莲、喜旱莲子草这些入侵物种由于其顽强的生命力和超快的繁衍速度，大量的植株死后腐烂变质，造成水质的富营养化，严重污染水质。

滥捕乱猎导致鱼种群数量降低、种类减少，个体小型化，生态系统食物链基底遭到破坏。围垦湖泊使水域面积不断降低，导致水鸟栖息地破碎化严重，直接影响鸟类生境。

（四）功能评价

洪湖是"千湖之省"——湖北省第一大湖泊，与其上下游的长湖、洞庭湖、横岭湖、沉湖、鄱阳湖等湿地保护区共同构成了我国长江中游重要的湿地自然保护区群。洪湖承载着防洪抗旱、农业灌溉、水产养殖、水上航运、饮水保障、休闲旅游、湿地产品供给、生物多样性保护、气候变化减缓与适应等多种功能，保护价值突出，其中最为核心的体现在生物多样性保护、调蓄灌溉、文化传承三大方面。

洪湖是众多鱼类和迁徙水禽的重要栖息地，是我国生物多样性保护热点地区之一，是长江中游湿地物种"基因库"，在长江中下游的湖泊湿地中具有典型性和代表性。保护区内野生动植物资源丰富，区内野生植物资源种类共计有 471 种 21 变种 1 变型种，水生高等植物 157 种 5 变种，其中有国家 II 级重点保护植物 3 种。保护区内现有各类动物 708 种，其中鸟类 138 种，鱼类 62 种，两栖、爬行、兽类共 31 种，浮游动物和底栖动物共计 477 种。保护区内分布有国家 I 级重点保护动物 5 种，其中鸟类有 4 种，兽类有黑麂 1 种；国家 II 级重点保护动物 17 种，其中鸟类 13 种，鱼类有 2 种，两栖类有虎纹蛙（*Rana tigrina*），兽类有河麂（*Hydropotes inermis*）；此外还有苍鹭（*Ardea cinerea*）、大白鹭（*Egretta alba*）、绿头鸭（*Anas platyrhynchos*）、大杜鹃（*Cuculus canorus bakeri*）等多种湖北省重点保护动物。

洪湖生态地位突出，可承接上游多方来水，并经若干涵闸通过长江对湖内水量进行排蓄和调节，是长江中游地区的天然蓄水库。此外，洪湖是湿地文化和红色文化的交融地。千百年来水乡渔民孕育而成的湿地文化和新中国成立以来形成的红色文化紧密结合，形成了"红""绿"相融的独特地域文化。

二、滩地恢复

1. 植被恢复与控制

植被是鸟类重要的栖息地、庇护地、觅食场所和繁殖场所。针对不同鸟类栖息、觅食和繁殖习性，进行植物种类和不同群落结构的配置。通过选择种植鸟类喜食植物、筑巢树种、遮蔽植物等，并以此形成复层混交植物群落，营造多样的湿地鸟类生境。为吸引各种类型的鸟类，应着重设置一些鸟嗜植物和筑巢栖息树种。鸟嗜植物是鸟类喜啄食，具有浆果、核果和梨果等肉质果的植物类型，包括朴树、香樟、元宝枫、樱桃、山楂、紫荆、柑橘、冬青、蛇莓等。筑巢栖息植物以及多枝杈的灌木包括香樟、枫杨、榆树、刺槐、水杉、柳树、梅花、女贞、木槿、金银木、南天竺等。此外，由于鸟粪呈酸性，在植物选择上应适当选择耐酸的乡土植物。

植被恢复和控制包括食源性植被恢复、生态隔离带植被恢复和干扰性植被控制。应按照主要保护鸟类和优势水鸟的觅食习性，恢复相应的食源性水生植被和外围保护隔离带植被；同时，控制地面植被干扰和侵占水鸟的栖息觅食空间。通过乔木、灌木、地被和水生植物组合形成滩涂、沼泽、岛屿林、开阔地、密林、疏林、灌木丛等多样的栖息地植被群落类型。在植物群落设计时，首先应考虑在核心栖息地边缘栽植枝叶茂密、不宜靠近的树丛，例如芦苇丛、千屈菜及一些观赏草能够为鸟类提供比较好的栖息地，利于鸟类进行繁衍。同时作为人与鸟类的植物分隔带，这样更有助于鸟类进行觅食、繁殖及栖息，且植物分隔带宽度越大对鸟类的保护效果越佳（朱强，2005）。

2. 洲滩湿地修复

湖泊、库塘湿地沿岸带是草食性鱼类索饵和产黏性卵鱼类产卵的重要场所，恢复湖泊、库塘、河流洲滩植被，对洲滩进行湿生及水生植被的恢复与重建，包括先锋种（以乡土植物为主）引入、植被栽培（"目标"种优选、基本条件创建、植物栽种、群落配置），以有效恢复鱼类生境。

3. 典型设计

（1）地形塑造。洲滩水线设计需确保曲折蜿蜒，以达到地貌复杂和防冲刷效果；在低水位时自岸线到水线留有 150～260m 的泥滩。

（2）植物恢复。在洲滩上恢复薹草以及莎草群落，间植荸荠、黑三棱、各类蓼科植物、水线部分选冲刷力较强的地段，间杂种植小块菰、水烛、芦苇等挺水植物，以及川三蕊柳群落构建；近水线部分水下恢复沉水植被和浮叶植物。

三、滩涂地形塑造

1. 微地形改造

水域、裸地、植被是影响湿地中涉禽、游禽分布的三个重要生境单元。湿地鸟类的生存，需要水域、裸地、植被三种要素共存，且不同生境单元的组合也会影响鸟类种类和数量。涉禽觅食和栖息需要浅滩环境，游禽需要开阔明水面和深水域。因此，营造浅滩-大水面复合生境可为湿地鸟类提供多种栖息环境。同时通过挖掘或淤填等方式构建不同水深环境以提高生境异质性。湿地植被为鸟类筑巢觅食、躲避天敌入侵和人类干扰等创造了天然的庇护环境，配置乔灌草混交的植物群落以满足不同喜好的鸟类。如在滨海潮滩湿地修复工程中进行鸟类生境营造，

可将原来以湿地植物群落（如芦苇）为主的潮滩湿地营造成明水面-光滩-植被复合结构，营造斑块状湿地植被和其他多类植物并存的格局，鸟类、底栖动物和鱼类等生物多样性得以显著提高。枯木或倒木也是重要的小型生境单元，能够为鸟类提供庇护和栖息生境，在其腐烂的同时也为苔藓、草本植物的生长提供基质。从岸边伸向开放水域的倒木可为水禽、爬行动物和两栖动物提供栖木，并且能够成为鱼类和水生昆虫的庇护场所。

2. 滨岸腔穴系统恢复

河流湿地、库塘湿地、湖泊湿地的基岩质岸线岩石腔穴对于鱼类庇护、临时性产卵具有重要作用。岩石腔穴及其周边也是水生昆虫、附着藻类以及其他浮游生物大量繁殖的场所，这些生物共同构成了一个完整的近岸水域食物网。鱼类生境恢复，重点是营造多孔穴的生境空间，提供鱼类庇护及产卵生境。

3. 典型设计

滩涂内构建洼地和水道组成了系统内水循环系统，以留置水源、构建鱼类栖息地、构建植物生活环境等；构建洼地和沟渠总长度应小于滩涂面积的 8%。

四、生态隔离带设置

（一）人为干扰的控制

营建适宜的鸟类栖息地需要尽可能降低游人的干扰，鸟类对人为侵扰的容忍度，体型

较大的低于体型较小的；地面或灌丛活动的低于高层活动的。在鸟类栖息地核心保护区内限定人为活动为保护和监测，交通方式为步行。在核心保护区内，须设立针对鸟类繁殖地和栖息地的禁入区，以减少人为干扰，提高鸟类对人类活动的容忍度和适应性。根据需要在鸟类栖息地核心区外围设置一定宽度的缓冲区域，减少人为干扰，增加鸟类对人类活动的容忍度和适应性。

通过地形营造和植物群落构建，为鸟类提供更多的低干扰或无干扰活动空间，保证鸟类活动空间的隐蔽性。建造地形坡度用以阻挡不利气候条件对栖息地的影响，特别是要增强对夏季季风的阻隔。例如在进行鸟类保护时，建造坡度在 $5°\sim25°$ 的半阳坡，有助于为鹭科鸟类提供足够的筑巢场地（秦帅，2012）。

（二）典型设计

生态隔离带是为了保障恢复区内动植物生长生活的安定而设立，避免对动植物生活造成惊扰。因此设置生态隔离带应本着因地制宜、多重构筑的原则进行，洪湖湿地围垸分期实施退垸，退垸还湖（还湿）实施后，增加水域面积 $134.95km^2$，使洪湖湖面面积恢复到 $392.78km^2$。

1. 生态隔离带地貌修复

合理以及适度地利用现有矮围、堤坝设置生态隔离带；在西边螺山干渠河堤、北部汉沙河河堤，可堆高、加宽，形成类似滨岸带模式，为将来岸带景观建设奠定基础。

以植物以及沟渠等自然隔离手段为主，杜绝使用铁丝网等设施。通过利用原有河道、局部增加巡护航道、吹填造岛和形成滩涂（该区域本就水浅，去除围埂后，即为滩涂）等构建生物栖息地，并形成水系连通、岛屿、洲滩、河流的景观格局，同时便于巡护管理，主要保护区域也得到隔离。

2. 滨岸生态防护与风景林带建设

根据恢复范围外围以乔木间杂灌草丛为主到内圈以灌草丛以及挺水植物为主的形式构建。开展环湖绿化美化工程，营造环湖生态防护林、风景林带，总长为 $104.5km$。同时，规划在洪湖围堤四周边角较宽的荒地、退垸后的村庄区，营造片状生态林，总规划面积 $350.0hm^2$。

沿洪湖围堤外平台种植平均宽度为 $16m$ 的防护林，堤后种植平均宽度为 $3\sim50m$ 的护堤林，局部地段宽度根据实际调整。同时依堤种植平均宽度为 $3m$ 的堤顶绿化带。

环湖生态防护林、风景林以乔木为主，乔、灌、草相结合，防护树种与景观树种合理搭配。构建乔灌草复合结构的带状滨湖公园型生态绿廊，打造洪湖沿岸的生态屏障。

五、生态岛建设

1. 生态岛

生态岛是四周环水始终高于水面的陆地区域，其作为湿地生态系统中一个独特的生境类型，由于长期受外界环境的干扰较少，是鸟类躲避人为干扰的理想庇护所。

根据地形、水文特征、植被类型、水鸟种类等确定生态岛的形状、大小、空间异质性和高程等。首先需要调查水域周围地形，确保不破坏原有生境斑块、生物廊道的情况下设置人工生态岛。也要考虑其景观效果，尽量与周边环境相协调，地形凸起区域，如高滩、岛屿等可设计成鸟岛，其上再挖掘湿洼地或浅水塘，并种植低矮的湿生草本植物。小斑块可以作为某些物种迁移的踏脚石，同时也丰富生态异质性。因此在建立一些面积较大的岛屿的同时在其周围建立一些面积较小、大小不等的岛屿。

岛屿应具有自由多变的岸线，水岸边缘留有部分浅滩，岛屿有内部生境的形态。植被群落的类型决定了被吸引来的鱼类、鸟类和其他生物的类型以及最终的岛屿生境类型。就单个面积较大的生态岛屿而言，首先应确立由乔木—灌木—湿生植物—水生植物组成的自内而外的植物群落环境。例如在岛屿的周围种植一些耐贫瘠和水湿的挺水以及湿生植物；岛上面留有一些裸露的泥土，种植一些适宜鸟类栖息的乔灌木，形成适合鸟类栖息的环境（吴后建，2010）。

生态岛面积不宜过大，应在 5000m² 以内，生态岛面积超过 36hm²（或 80hm²，不同科的鸟类根据体型差异略有差别）即有天敌——食肉动物存在的可能，而岛屿与陆地的距离，400m 是一个拐点，400m 以内，离陆地越远越适宜鸟类栖息，400m 以上便无区别。鸭科游禽尤其喜爱孤立的生态岛，栖息地内孤立沙洲、岛屿、挺水植物群落周长占的整个水系岸线的比例越高，越适宜栖息（王蕾，2020；Lewis J C，1983）。

2. 典型设计

在幺河口、茶坛岛、金坛湖等鸟类栖息地进行恢复与改造。根据水位和水深情况，在蓝田野猫沟、清水堡种植芦苇、莲、芡实，增设筑巢生境岛，为雁鸭类游禽提供繁殖和觅食场所，在岛屿上中间位置保留平坦的土地并恢复成草滩，并在背对人的方向设置缓坡入的护坡形式，在缓坡恢复草地，以利于雁鸭类以及鹤类栖息。在幺河口、金坛湖进行地形改造，构筑生态堤坝，设置适度人工干预水域深度，营造滩涂湿地，为秧鸡类、鸻鹬类、鹳鹤鹭类涉禽提供觅食场所（图 6-10）。

图 6-10　蓝田河口湿地生态岛示意图

在生态岛屿面对人的方向种植适量川三蕊柳、芦苇、南荻等体型较高的灌草丛以利于岛上生物躲避；生态岛屿适度聚集，以利于岛和岛之间形成狭窄而且遮蔽的水道，以利于水禽躲避栖息；岛屿上适度恢复和种植一定的植物。具体来说水线1m以上可适度种植构树、川三蕊柳等乔灌木，水线以上到1m之间可适度种植茅、芒、灯芯草等沼生植物以及芦苇、南荻等挺水植物，水线附近可适度种植水烛等挺水植物，水深0.5m到水线附近可适度种植菰等挺水植物，水深0.5m以下可适度分层级种植莲、芡实、水鳖、金鱼藻、穗状狐尾藻等各类水生植物，构建多样的生态类型。

六、水下地形恢复

（一）水下生态空间构建

在浅水区域种植沉水植被，形成良好的水下生态空间，为鱼类提供栖息及觅食生境，也为产黏性卵的鱼类提供产卵附着基质。

在浅水放置木质物残体，如枯树枝、倒木等，形成复杂的水下生态空间，为鱼类产卵、庇护及幼鱼哺育提供良好场所。

在近岸水域及河口地带，通过抛置圆石、卵石、块石，创建具有多样性特征的水深、底质和流速条件，营造鱼类栖息繁衍的生境条件。石块之间的空隙是水生生物良好的遮蔽场所，石块群还有助于形成较大的水深、气泡、湍流以及流速梯度（图6-11）。

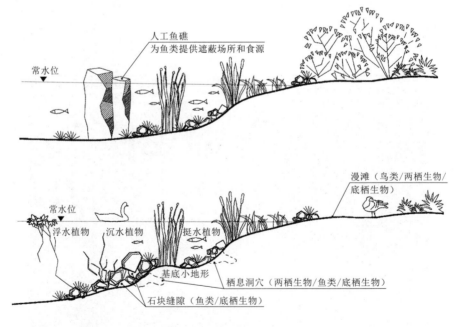

图6-11　水生生物栖息地营造——石块群

（二）营造植物浮岛

利用人工植物浮岛，作为鱼类产卵、栖息基质，也是鱼类生境恢复的重要手段之一。人工浮岛本身具有遮蔽、涡流、食物源等生态功能，构成了鱼类生息的良好条件。浮床上的植物根系在吸附悬浮物的同时，为鱼类等水生生物提供栖息、繁衍场所。在河流、湖泊、库塘等水面，运用不同空间结构设计及材料，以"水面植物浮床＋水下生态空间"的方式构建漂浮型湿地生态岛模式，以竹材作为浮床基础框架，以棕片、麻片为基质，筛选种植芦苇、千屈菜、水芹菜、马齿苋等根系发达的水生植物。棕片、麻片和水生植物根系都是鱼类产卵附着的良好基质。植物浮岛可优化周边水域食物网（链），且具备水生生物产卵、索饵和栖息功能，其周边鱼卵仔鱼平均丰度明显高于未恢复的水域（图6-12）。

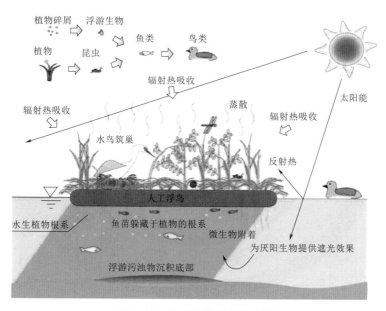

图6-12 人工植物浮岛示意图

（三）典型设计

1. 清淤疏浚

结合洪湖巡护航线建设开展，配合航道等基础建设的需求对洪湖重污染且底泥深厚的区域开展生态清淤。

洪湖流域内支沟支渠尚未开展水环境治理，如玉带河、子贝渊河、丰收河、友谊河、改道河、桥市河、赤湖河等洪湖入湖河渠普遍淤积，部分河段岸坡裸露，抗冲蚀能力差，河道水环境质量较差，部分区域底泥厚达1.5m，针对这些淤积河道清淤，在清除污染底泥的同时，连通流域水系，恢复流域河道水生态功能。

2. 鱼类栖息地、鱼类产卵场和洄游通道构建

开展洪湖湿地分类鉴定、根据生活习性构建相应鱼类栖息地；构建土著鱼类产卵场，提高鱼类产卵量和鱼类生物量和多样性；根据江湖连通方案，合理构建洄游性鱼类生态通道。

3. 水生植被恢复

水生植被的恢复主要包括挺水植物、浮叶植物和沉水植物。

（1）挺水植物恢复。在人类干预程度比较轻，挺水植物退化不严重的区域，结合退垸还湖工程地貌与水文条件构建，通过休生养息，促进湿地植被自然恢复。对人为干扰程度

高，退化严重的区域，通过人工调控，结合区域功能和地形特点，开展人工调控的挺水植物修复。

洪湖北部目前规划的是河口湿地建设区域，应突出净化能力、抗冲击能力，并结合旅游构建适宜的生态景观。因此，适宜形成斑块状的莲、香蒲、菱草以及芦苇和荻植物群落。洪湖保护区南部，突出动物尤其是鸟类栖息地建设，因此，首先是依靠自然恢复，然后经人为干扰，构建以荻、芦苇、菱草为主的挺水植被。

（2）浮叶植物恢复。洪湖湿地浮叶植物应以自然恢复为主，并通过湖底高程和水位相结合，控制浮叶植物规模，避免其过度发育。

西北蓝田旅游区，为景观建设需要可适当发展荇菜、菱、莼菜等浮叶植被，以及适当种植芡实、睡莲等，为湿地旅游景观建设服务。

（3）沉水植物恢复。目前洪湖的沉水植物受水体透明度的影响，分布范围仅在核心区的东南部，面积仅为敞水区面积的 5%，近期应该着力恢复沉水植物，恢复动物栖息地、增强水体自净能力。

依据洪湖沉水植物演替规律，通过人工构建沉水植物群落，提高植物多样性，恢复原有的湿地植物种类、改善沉水植被群落结构。穗状狐尾藻、红线草等天蓬型水生植被生物量主要在水体面层，景观效果差且容易阻留漂浮植物，形成斑块状，而且将来水质改善后，丝状藻可能发育，因此应适当控制天蓬型沉水植被。洪湖沉水植物恢复种类应以黄丝草、苦草、黑藻、金鱼藻等种类为主。

第七章 河湖生态监测与评估

在城市形成和发展过程中，河湖作为最关键的资源和环境载体，是影响城市风格和美化城市环境的重要因素，关系到城市生存，制约着城市发展（Liu Xiaotao，2001）。但近年来，随着我国城镇化进程的不断加快，越来越多的人口集中居住在城市，频繁的人类活动干扰使得河流生态系统不断退化，对河湖生态健康产生了消极影响。在这种背景下，政府不断加大城市河湖保护以及河湖综合治理的力度，城市河湖健康状况的评价工作也随之开展：过去许多研究者主要集中以水量、水质、水生生物、物理结构与河岸带（湖滨带）为评价要素建立模糊层次综合评价程序与模型，针对城市河湖做了评价实践，但并不能全面反映河湖的健康情况（刘存，2018）。这些问题迫使河湖健康评估向着更加全面且具有针对性的方向转变。本章主要从生态监测、评价指标体系建立、评价方法确定、评估结果等级划分等方面进行介绍，并结合东湖健康进行了案例分析。

第一节 河 湖 生 态 监 测

一、监测指标体系

城市河湖与自然河湖相比，城市河湖与区域人类活动的交互影响较大，一方面，城市的社会经济活动高度依赖于区域健康的河湖提供的各种服务功能；另一方面，城市高强度的社会经济活动对河湖的水量、水质、水循环、水生态和总体健康状况都有显著的影响。因此，要全面系统地进行城市河湖生态健康评估工作的前提是要根据城市河湖的特性建立监测指标体系，主要需考虑自然水文状况、水环境状况、生态特征及社会服务功能等方面。

1. 水文情势监测

水文情势是指水文变量和水文现象等各种水文要素时空变化的态势和趋势。在生态水文学中常用以下具有生态学意义的要素表示：流量、频率、发生时机、延续时间、流量变化过程和水位变化过程等。

城市河湖水文情势监测是为代表性地反映城市水文情势变化提供数据支撑。城市河流水文情势应包括月均水位、流量、年水位极值、年流量极值、汛期、结冰期、含沙量等情况；城市湖泊水文情势应包括水位库容曲线、枯水位、汛限水位、正常水位、设计洪水位、校核洪水位以及水位随时间变化过程。在具体检测监测过程中应重点考虑以上指标。

2. 水环境监测

城市河湖水环境监测应综合反映河湖水环境变化情况及水环境现状。水环境监测应主要考虑污染源状况、水质状况、沉积物污染状况等。

其中，污染源监测应对城市河湖汇水范围内直接或间接向河湖排放污染源物的排放口进行监测；水质监测应重点考虑对城市河湖重要水功能区断面及点位的各项水质指标进行监测，综合反映出河湖水质类别、综合污染指数、富营养水平、超标因子、超标倍数及水质达标率等情况；沉积物污染状况监测要根据水体污染特征确定具体监测内容，一般应包括沉积物中营养盐和有机质含量、污染水平与释放速率、重金属含量与生态风险及其他持有性有机污染物的含量与健康风险等。

水环境评价最重要的环节就是水质评价，故对于水质调查监测，其检测项目应符合《地表水环境质量标准》（GB 3838—2002）和《地表水资源质量评价技术规程》（SL 395—2007）的要求，除了河湖基本的水质指标外，还应考虑河湖所在城区的社会经济发展规模，根据水体污染特征选择《地表水环境质量标准》（GB 3838—2002）规定的集中式生活饮用水地表水源地补充项目及特征项目（魏春风，2018）。对湖库还应特别关注营养状况及底泥淤积情况。

3. 地貌多样性监测

城市河湖地貌调查监测应主要包括河湖基本情况、涉水工程建设情况等。

反映河流基本情况的要素要从河流的源头、长度、主要汇水支流、河道等级、河势稳定性、平面形态、横纵断面特征、底质组成及基本地貌单元等方面着手；而湖泊基本情况主要包括湖泊位置、水域面积、水深、水位变幅、湖泊岸线、基本地貌单元和河湖水系连通性等；涉水工程建设情况主要应了解水库、堤防、水闸、涵洞、泵站、护岸、桥梁、码头等工程的名称、位置、数量、规模、等级、功能、建成时间及运行管理情况等。

4. 生物多样性监测

生物多样性监测的目的主要是为了了解河湖水生生物状况，监测对象要考虑浮游植物种类组成及分布、底栖动物种类组成、鱼类种类及数量、大型水生植物种植面积等，反映出河湖生态健康的综合性指数，比如浮游植物多样性指数、底栖动物 Hilsenhoff 生物指数、鱼类生物损失指数、大型水生植物覆盖度等。

二、监测计划制定

监测计划是实现河湖健康评价的基础，制定监测计划时需要参照河湖生态系统功能及检测目标需求，设置监测计划的层次结构，要首先确定河湖评价单元，再在各细分单元里确定监测点位、监测时间、监测频次等，只有形成完善的监测指标体系，才能建立完整的河湖健康评价指标体系。

（一）评价单元划分

为了更好地对河湖健康状况进行监测，掌握每一段河流或湖泊片区的健康状况，一般须对河湖各单元进行研究。河流评价单元划分主要根据河道纵向长度进行考虑，沿河流纵向将河流分为若干评价河段。一般来说，长度大于 50 km 的河流宜划分为多个评价河段；长度小于50km且河流上下游差异性不明显的河流（段），可只设置 1 个评价河段。除此之外，还可结合河流水文特征、河床及河滨带形态、水质状况、水生生物特征、流域经济社会发展特征的相同性和差异性、河长管辖分段等因素进行综合考虑。在具体划分时可以考虑：①河道地貌形态变异点，根据河流地貌形态的差异性分段，比如顺直型、弯曲型、分汊型、游荡型河段等；②河流流域水文分区点，如河流上游、中游、下游等；③水文及水力学状况变异点，如闸坝、大的支流汇入断面、大的支流分汊点；对于水域面积较小的湖泊，原则上以整个湖泊作为一个评价单元，也可以通过分区评价。湖泊分区主要考虑其水文、水动力学特征、水质、生物分区特征，以及湖泊水功能区区划特征等，除此之外，还应综合考虑湖长管辖湖片作为依据进行分区。

（二）监测点位

根据河流长度、湖（库）大小以及调查目的布设适当的监测点数量，每个评价河段或湖区内根据评价指标特点可设置 1 个或多个监测点位。对于河流的监测点位布设一般以监测断面的方式布设，主要设置在支流汇入处、水质变化较明显或水质影响较严重处布设监测点；而湖泊的监测点位一般布设在湖（库）处和污染排放口周围。监测点位布设时主要应考虑以下两点：①水量、水质监测点位优先选择现有常规水文站及水质监测断面；②跨行政区的河湖宜在行政区界处布设监测断面。

（三）监测频次

水文情势涉及的指标采用水文在线监测，日均流量与日均水位监测应覆盖一年四季（1—12 月）；水质指标采用在线监测或取样送检或查询官方发布数据方式获取。月水质及湖泊营养状态的监测期应覆盖一年四季（1—12 月）；对于河湖底泥淤积情况须采用现场取样送检方式获取，一般在每年的 3—10 月获取数据。

地貌多样性监测内容包括横断面多样性、宽深比、河流平面形态、蜿蜒性特征（曲率半径、中心角、河湾跨度、幅度、弯曲系数）河道坡降、河床材料组成、河漫滩湿地、深潭浅滩序列等地貌特征。地貌监测应至少持续 3 年的监测时间（董哲仁，2013）。一般在 3 年内，工程河段会经受到一系列水流条件的考验，植被也将从施工时期过渡到相对成熟的阶段。不过，河道形态要达到动态平衡往往需要更长时间，并要经历一系列水流条件的检验。因此，在短时间内，很难对工程河段的地貌变化给出恰当的评价和预测，一般要进行连续 5 年以上的监测。

生物多样性监测涉及浮游生物、底栖动物、鱼类等，由于浮游生物漂浮于水中，群落分布和结构随环境的变更而变化较大，为了系统性地反映年内指标情况，一般全年采样不少于 4 次（即每季度 1 次），在条件允许的时候，最好是每月 1 次。水生底栖大型无脊椎动物全年采样频率在一般情况下应不少于 2 次，采样时间在枯水期和丰水期。鱼类样品的采集频率全年不得少于 2 次，采样时间在枯水期和丰水期。

第二节　河湖健康评价体系

一、国内外河湖健康评价体系综述

河湖健康评价最先在西方国家得到广泛的研究和应用，美国为应对 20 世纪 70 年代严重的河湖污染，于 1972 年颁布了《清洁水法》，建立了规范的美国境内水域排放污染物和地表水质量标准的基本结构，是现代国家立法中最早强调淡水资源质量和生态系统健康的重要尝试；2000 年，由多国协作制定了河湖健康评价体系——《欧盟水框架指令》（2008），旨在维持社会经济系统的同时，保护和增强水生生态系统的健康，适用于所有水体，包括地表水、地下水和海岸水体。但由于提出的生态达标时间不现实且缺乏功能性和服务性指标，其应用情况并不十分理想；2006 年，美国开展了国家水环境资源普查，能够评估美国沿海水域、湖泊、水库，河（溪）流以及湿地的状况和质量变化；苏格兰制定的《苏格兰生态健康框架》中除指出物理、化学、生物元素特定污染物、地貌形态、水文状况等反映生态状况的指标和栖息地连通性等代表生态系统功能的指标外，还提出了栖息地恢复速度、侵入性非本地物种、气候变化适应性和土壤封闭性等表示生态系统可持续性或弹性的指标；2017 年，澳大利亚环境与能源部（英联邦环境水体办公室）制定了《生态系统综合状况评估框架》，包括水文、水质、结构完整性、水生生态系统连通性、生物多样性和生态系统服务六类指标，为水生生态系统状况的综合评估提供了较为全面的方法，但评估过程较为复杂；新西兰 Cawthron 研究所在 2018 年提出了全新的淡水生态环境健康评价体系，包括水生生物、水质、水量、自然栖息地和生态过程五个核心部分，但缺少社会服务功能的指标评价。总的来说，尽管有国外学者提出应注重河湖的社会服务功能，但目前大部分国家的河湖健康评价体系更侧重于河湖近自然状态的恢复和保护。

20 世纪 90 年代以来，由于断流、水污染、河床萎缩等一系列问题的出现，我国的河流健康受到了关注。2002 年时任黄河水利委员会主任李国英在全球水伙伴中国地区委员会治水高级圆桌会议上提出了"维持河流生命的基本水量"的概念；2004 年以后，国内很多学者开始对中国的河流健康状况进行评价，评价对象包括长江、黄河、辽河等著名河流（流域）；2005 年，时任长江水利委员会主任蔡其华根据健康长江的主要内涵，提出了国内首个系统化的河流健康评价体系，涵盖了河流的水文状况、生态系统健康状况和社会功能 3 个方面 16 个评价指标；马铁民在对辽河流域健康评价时从流域、河流廊道和栖息地 3 个尺度选取了单位 GDP 水耗和人均用水量等 17 个指标构成辽河流域健康评价指标体系，对辽河健康状态作出评价。

我国在河湖健康评估相关指导文件制定方面也取得了一些成果，2010 年水利部水资源管理司发布的《河流健康评估指标、标准与方法》（试点工作用）及《全国湖泊健康评估指标、标准与方法》（试点工作用）指出健康的河湖不仅要自然生态状况良好，同时应具有可持续的社会服务功能，据此从水文、物理结构、化学、生物和服务功能 5 个方面构建了较为全面的河湖健康评价指标体系，并作为各省市河湖健康评价体系的主要参考。

2020 年水利部河湖管理司发布的《河湖健康评价指南（试行）》本指南结合我国的国情、水情和河湖管理实际，基于河湖健康概念从生态系统结构完整性、生态系统抗扰动弹性、社会服务功能可持续性三个方面建立河湖健康评价指标体系与评价方法，从"盆""水"、生物、社会服务功能等 4 个准则层对河湖健康状态进行评价，有助于快速辨识问题、及时分析原因，帮助公众了解河湖真实健康状况，为各级河长湖长及相关主管部门履行河湖管理保护职责提供参考。

纵观国内外河湖健康评价已有的研究成果，国内河湖健康评价指标体系基本沿用了国外的评价方法，准则层方面主要包括物理、化学、生物和社会服务功能，但指标层差异巨大，很多自定义指标，其科学性有待考证。为此亟待出台能够符合我国国情，且能够在全国推广应用的河湖健康评价指标体系。

二、评价指标选取

本书通过借鉴国内外河流健康评价的相关成果和前人的研究，将河湖健康评价体系分为目标层、准则层和指标层，不考虑不同准则层下指标之间的相互影响。综合选择水文特征、物理结构、水质特征、生态功能、社会服务功能、管理状况等各项因素作为评价体系的准则层，在准则层的基础上，结合研究河湖的实际情况和社会期望，依次确定各准则层下对应的指标，对河湖健康状况进行详细解释。

1. 水文特征指标

对于常年有流量的河流，其水文特征指标可选取，诸如流动性、下泄生态流量或水位满足程度、流量过程变异程度等特征来表征；湖泊可选取以最低生态水位满足程度、水位距平百分率指标来反映。

2. 物理结构指标

反映河湖物理结构的指标一般与河湖滨岸带、缓冲带有关，除此之外，还有体现河湖通畅度的指标。在《湖北省健康河湖评估导则》中也有详细列举，如河流纵向连通指数、湖泊连通指数、河湖滨岸带状况、河岸带（缓冲带）宽度指数、口门畅通率、滨岸带人为干扰程度等。

3. 水质特征指标

随着城市化进程加快，城市河湖的水质污染程度不断加剧，泥沙淤积、垃圾倾倒现象严重，河道断面不断缩小。因此对于水质评价不仅要关注常规的水污染因子，如浑浊度、透明度、颜色、pH 值、化学需氧量、溶解氧、高锰酸钾指数、氨氮、TN、TP 等；还应对底泥淤积情况、水体营养化程度及底泥污染情况进行评价。

4. 生态功能指标

城市河湖是城市天然的生态廊道，有着休闲游憩、改善景观文化的功能。反映河湖生态功能的指标主要包括大型底栖无脊椎动物生物完整性指数、生物多样性指数、鱼类生物损失（保有）指数、水鸟状况、浮游植物密度、水生植物群落状况、鸟类栖息地状况、滨岸带植被覆盖率、大型水生植物覆盖度等。

5. 社会服务功能指标

城市河湖除了具有生态系统服务功能，还具有社会服务功能，一方面具有防洪调蓄与供水功能；另一方面，河湖岸线还具有娱乐、生产功能。因此，城市河湖社会服务功能情况一般从防洪达标率、供水水量保证程度、河流（湖泊）集中式饮用水水源地水质达标率、岸线利用管理指数、通航保证率、公众满意等方面来综合反映。

6. 管理状况指标

对于城市河湖治理管护体制机制的评价项目一般包括以下内容：是否有完整的河湖长

制责任链条、是否有明晰的河湖管护责任主体、是否有规范的河湖管护标准、是否有科学的监测监控体系、是否有高效的联动平台和综合执法平台、是否有明确的考核机制、是否有完备的共建共享模式、是否有系统的综合治理方案。

三、评价指标含义及赋分标准

本书选取河湖健康评价工作中常用的一些指标进行详细阐述，包括反映水文特征的生态基流满足程度、生态水文满足程度，反映物理结构特征的缓冲带宽度、滨岸带植被覆盖率，反映水质特征的水质类别、水体富营养化程度，反映生态功能的生物多样性指数、鱼类生物损失（保有）指数，反映社会服务功能的防洪达标率、公众满意度等指标。

1. 生态基流满足程度

生态基流满足程度指河道维持河流生态系统运转的基本流量满足天数占评估年总天数的百分比。根据生态基流满足天数的占比进行赋分，赋分标准见表 7-1。

表 7-1　　　　　　　　　　生态基流满足程度评估赋分标准表

满足生态基流天数比例/%	100	≥98	≥90	≥80	<80
赋分	100	80	40	20	0

2. 生态水位满足程度

生态水位满足程度指河湖典型植被能良好发育生长所需的地下水水位埋深所能保证的程度，其常利用生态水位满足天数与总天数的比值进行评估。根据占比进行赋分，赋分标准见表 7-2。

表 7-2　　　　　　　　　　生态水位满足程度评估赋分标准表

满足生态水位天数比例/%	100	≥98	≥90	≥80	<80
赋分	100	80	40	20	0

3. 水位距平百分率

水位距平百分率是反映评估期现状水位值与同期多年平均水位值相比的百分率，反映的是水位偏离程度。根据水位距平百分率进行赋分，赋分标准见表 7-3。

表 7-3　　　　　　　　　　水位距平百分率评估赋分标准表

水位距平百分率/%	≤1	≤2	≤4	≤6	≤8	>8
赋分	100	80	60	40	20	0

4. 缓冲带宽度指数

缓冲带宽度为河湖常水位线至植被群落消失区域边缘的宽度，通过实测或遥感影像目视解译与野外调查相结合的方式获取。根据评估河湖岸线长度平均设置 5～10 个断面进行宽度实测并取平均值，缓冲带宽度指数一般用评估区域缓冲带平均宽度与第 i 个断面缓冲带实测宽度的比值来反映。并按照缓冲带宽度值进行赋分，赋分标准见表7-4。

5. 滨岸带植被覆盖率

滨岸带植被覆盖率为滨岸带植被（包括自然和人为）垂直投影面积与滨岸带面积的比例，并按照滨岸带植被覆盖率百分比值进行赋分，赋分标准见表7-5。

表7-4　缓冲带宽度指数评估赋分标准表

山区河流及湖库缓冲带宽度/m	平原区河流缓冲带宽度/m	赋 分
≥50	≥30	100
≥35	≥15	80
≥10	≥5	60
≥5	≥2	30
<5	<2	0

表7-5　滨岸带植被覆盖率评估赋分标准表

滨岸带植被覆盖率/%	说　明	赋 分
≥75	高度覆盖	100
≥60	中高度覆盖	80
≥40	中度覆盖	60
≥10	中低度覆盖	30
<10	低度覆盖	0

6. 口门畅通率

口门畅通率指标表征环湖河流与湖泊水域之间的水流畅通程度，为河湖连通的畅通口门数（不受闸坝控制、与湖泊水域自然连通的敞开口门数）与总口门数的比值。按照口门畅通率百分比值进行赋分，赋分标准见表7-6。

表7-6　口门畅通率评估赋分标准表

口门畅通率/%	≥90	≥70	≥50	≥30	≥10	<10
赋分	100	80	60	40	20	0

7. 完整性与人为干扰程度

本指标主要是调查河湖滨岸带范围内是否存在表7-7所列情况。评价范围初始分为100分，每出现一项人为活动扣除其对应分值，扣完为止；存在以下情形该项不得分：评价河段未完成划界确权任务、河段内水利工程有重大安全隐患、有大体量的乱建乱堆乱占情形、有省级挂号且未销号或未整改到位的"四乱"问题的。赋分标准见表7-7。

表7-7　完整性与人为干扰程度评估赋分标准表

序号	影 响 类 型	赋　分		
		水边线以内	滨岸带	河岸带向陆域延伸（小河10m以内，大河30m以内）湖岸带向陆域延伸（50m以内）
1	崩岸、垮塌		−100	
2	围垦		−100	
3	岸带硬质性砌护		−5	

续表

序号	影 响 类 型	赋 分		
		水边线以内	滨岸带	河岸带向陆域延伸 （小河 10m 以内，大河 30m 以内） 湖岸带向陆域延伸（50m 以内）
4	采砂	−30	−40	
5	沿岸建筑物（房屋）	−15	−10	−5
6	公路（铁路）	−5	−10	−5
7	垃圾填埋场或垃圾堆放		−60	−40
8	管道	−5	−5	−2
9	农业生产经营		−10	−5
10	畜牧水产养殖		−10	−5
11	工业生产经营		−15	−8
12	餐饮经营		−10	−5
13	打井		−10	−5
14	晒粮、存放物料		−5	−2
15	开采地下资源		−10	−5
16	集市贸易		−10	−5

8．水质类别评价

根据河湖水质监测断面的监测结果，依据《地表水环境质量标准》（GB 3838—2002）中基本项目标准限值进行评价确定水质类别；并按照河流（湖库）水质类别进行赋分，赋分标准见表 7-8。

表 7-8 水质类别评价评估赋分标准表

水质类别	Ⅰ～Ⅱ类	Ⅲ类	Ⅳ类	Ⅴ类	劣Ⅴ类
赋分	100	75	50	25	0

9．水体富营养化程度

水体富营养化程度一般以叶绿素 a 浓度来表征，具体评价办法是：采集各个断面中心水样，根据标准方法测定水体中叶绿素 a 浓度。并按照水体叶绿素 a 浓度进行赋分，赋分标准见表 7-9。

表 7-9 水体富营养化程度评估赋分标准表

叶绿素 a 浓度/（μg/L）	≤1	≤10	≤26	≤160	≤400	>400
赋分	100	80	60	40	20	0

10．浮游动、植物多样性评价

香农-威纳（Shannon-Weiner）生物多样性指数是主要应用于浮游植物、浮游动物的

生物评价方法，其原理根据物种的有序和无序来判断估算群落物种多样性的高低。常用计算公式为：

$$H' = - \sum_{i=1}^{n} p_i \ln P_i \tag{7-1}$$

式中　H'——生物多样性指数；

$\quad\quad n$——样品中各种生物的总体个数；

$\quad\quad p_i$——第 i 种底栖动物生物量占总底栖动物生物量的比例。

根据香农-威纳（Shannon - Weiner）生物多样性指数进行分级赋分，赋分标准见表 7-10。

11. 鱼类生物损失指数

鱼类生物损失指数为评估河湖段内鱼类种数现状与历史参考系鱼类种数的差异状况（调查鱼类种类不包括外来物种）。依据《生物多样性观测技术导则　鸟类》（HJ 710.4—2014）和《水库渔业资源调查规范》（SL 167—2014）的要求开展鱼类生物的采集与鉴定，鱼类生物损失指标标准的建立采用历史背景调查方法确定，并选用 20 世纪 80 年代作为历史基点。

表 7-10　浮游动、植物多样性评价评估赋分标准表

香农-威纳（Shannon - Weiner）生物多样性指数 H'	污染分级	赋分
$H'=0$	严重污染	0
$0<H'\leqslant1$	重污染	30
$1<H'\leqslant2$	中污染	60
$2<H'\leqslant3$	轻污染	80
$H>3$	清洁	100

常用评价年评估河湖段调查获得的鱼类种类数量与历史基点（以 20 世纪 80 年代为首要参照）评估河段的鱼类种类数量的比例表征。后按照计算所得的鱼类生物损失指数值进行赋分，赋分标准见表 7-11。

表 7-11　　　　鱼类生物损失性指数评估赋分标准表

鱼类生物损失指数	1	≥0.85	≥0.75	≥0.6	≥0.5	≥0.25	<0.25
指标赋分	100	80	60	40	30	10	0

12. 鸟类栖息地状况

鸟类栖息地状况为水域及岸带区域内鸟类的种类、数量、栖息地与过去某一时点相比较的状况。选定评价对象的 4～5 个断面，依据《生物多样性观测技术导则　鸟类》（HJ 710.4—2014）对断面区域鸟类的种类和数量进行调查，选用上一年同期作为历史基点。按照优、良、中、差、劣等方面定性分析鸟类栖息地状况，赋分标准见表 7-12。

13. 大型水生植物覆盖度

大型水生植物覆盖度为河湖滨岸带向水域内分布的挺水植物、浮叶植物、漂浮植物和沉水植物的总覆盖度（统计时不计入外来物种）。依据《湖泊水生态监测规范》（DB 32/T 3202—2017）开展样品采集与鉴定，根据每平方米中的各类植物的现存量和它们的分布面积，由样品推算出总体求出该水体中各类大型水生植物的总现存量和各类植物所占的比例。最后按照大型水生植物覆盖度百分比值进行赋分，赋分标准见表 7-13。

鸟类栖息地状况	特征说明	赋分
优	种类和数量明显增加	100
良	种类和数量有所增加	80
中	种类和数量基本不变	50
差	种类和数量减少	20
劣	种类和数量明显减少	0

表 7-12　鸟类栖息地状况评估赋分标准表

大型水生植物覆盖度/%	特征说明	赋分
>75	高度覆盖	100
>40	中度覆盖	75
>10	低度覆盖	50
>0	植被稀疏	25
0	基本难以观测到水生植物	0

表 7-13　大型水生植物覆盖度评估赋分标准表

14. 防洪工程达标率

防洪工程达标率是对主要防洪工程如河湖堤防［含沿河（环湖）口门建筑物］防洪达标情况进行评价，为已达到防洪标准的堤防长度（口门建筑物总宽度）占堤防总长度（口门总宽度）的比例。具体采用式（7-2）～式（7-3）进行计算。

$$FLDE = \frac{RLA}{RL} \times 100\% \tag{7-2}$$

$$FLDE = \left(\frac{RLA}{RL} \times 0.9 + \frac{GWA}{GW} \times 0.1\right) \times 100\% \tag{7-3}$$

式中　$FLDE$——防洪工程达标率，%；

　　　RLA——达到防洪标准的堤防长度，m；

　　　RL——堤防总长度，m；

　　　GWA——分蓄洪工程达标个数，个；

　　　GW——分蓄洪工程个数，个。

按照防洪工程达标率进行分级赋分，赋分标准见表 7-14。

表 7-14　防洪工程达标率评估赋分标准表

防洪工程达标率/%	≥95	≥90	≥85	≥70	<70
赋分	100	75	50	25	0

15. 排涝工程达标率

排涝工程达标率是评估主要排涝工程，如排水闸、排水泵站排涝标准达标情况，为现状流量占标准下设计流量的比例，现状流量采用现状设计流量或 3～5 年运行期中达到或接近设计水位下的实际流量（若非工程因素导致水闸或泵站未开启，则现有流量取设计流量）。具体采用式（7-4）进行计算。

$$WLDE = \min\left(\sum_{i=1}^{m} QSA_i / \sum_{i=1}^{m} QS_i, \sum_{i=1}^{m} QPA_i / \sum_{i=1}^{m} QP_i\right) \times 100\% \tag{7-4}$$

式中　$WLDE$——排涝工程达标率，%；

　　　QSA——排水闸现有流量，m³；

　　　QS——排水闸设计流量，m³；

M——排水闸个数，个；

  QPA——泵站现有流量，m^3；

  QP——泵站设计流量，m^3；

  n——泵站个数，个。

按照排涝工程达标率百分比值进行分级赋分，赋分标准见表 7 - 15。

表 7 - 15   排涝工程达标率评估赋分标准表

排涝工程达标率/%	≥95	≥90	≥85	≥70	<70
赋分	100	75	50	25	0

16. 管理状况

管理状况的评估主要是统计河湖管理体制机制的缺失个数。并按照缺失个数情况进行赋分，赋分标准见表 7 - 16。

表 7 - 16   管理状况评估赋分标准表

河湖管理体制机制的缺失个数	0	1	2	3	4	≥5
赋分	100	80	60	40	20	0

第三节　河湖健康评估及等级划分

一、健康评估计算方法

  本书构建的河湖健康评价体系中有难以定量化的定性指标，单独使用层次分析法过程中，需要邀请各位专家确定各指标的权重，每位专家构造的比较矩阵是不一样的，具有一定的主观性；再加上河湖健康评价是一个复杂的系统性问题，难以用精确的数学方法进行说明，所以本书选用模糊综合评价法与专家打分法相结合，建立河湖健康综合评价模型。

  河湖健康评估得分采用百分制，依据各单项指标赋分和相应权重，采用式（7 - 5）进行计算。

$$M = \sum p_i \alpha_i \beta_i \tag{7-5}$$

式中 M——河湖健康评估得分；

  P_i——第 i 项指标赋分；

  α_i——第 i 项指标对应的准则层权重赋值；

  β_i——第 i 项指标对应的指标层权重赋值。

二、健康评估得分及健康状况

  在对河湖健康进行评价时，必须有一个参照标准，评价结果才具有可靠性。河流健康的概念是类比人类健康概念衍生出的概念，所以想要对河流健康进行评价，就要仿照人类健康的概念，建立好对河湖健康有影响的各指标的健康等级标准。

本书综合国内外具有代表性的研究成果和《湖北省河湖健康评价指南（试行）》，将河湖健康状况分为五个级别，分别是"理想状况""健康""亚健康""不健康""病态"。五个健康级别特征见表 7-17。

表 7-17　　　　　　　　　　　　　　河湖健康等级划分

河湖健康综合得分（≤）	河湖健康等级	健康程度	各等级特征描述
100	一类河湖	理想状况	河流具有较高的物种丰富度，生物多样性较高、河流生态系统中各要素齐全，河流的水量、河道结构、水质以及其他自然条件安全稳定的运行
80	二类河湖	健康	河流中有较高等级的物种存在，生物多样性较好，有一定的抵抗外界胁迫的能力，河流生态系统各要素基本齐全，河流的水量、河道结构、水质以及其他自然条件基本能使河流生态系统稳定的运行
60	三类河湖	亚健康	亚健康是一种临界的状态，河流较高等级的物种缺失，生物多样性差，容易受到外界压力的胁迫，河流的水量、河道结构、水质以及其他自然条件难以支撑河流生态系统稳定的运行
40	四类河湖	不健康	河流生物多样性极差，极易受到外界环境的胁迫，河道出现断流，水质降低，河道结构遭到破坏，河流生态系统不能稳定运行
20	五类河湖	病态	河道结构已被破坏，生物多样性缺失，水质极差，不能抵抗外界压力的胁迫，并且频繁出现断流，社会服务功能丧失，河流生态系统濒临崩溃

第四节　河湖健康评价案例

一、实例研究区域概况

实例研究区（大东湖）东湖因位于武汉市武昌东部，故此得名，水域面积达 34.7km²。其位于长江南岸，由长江淤塞而形成，历史上曾和武昌其他湖泊相通并与长江相连，水患频繁。后来因长江干堤的逐步兴修，通过建闸进行人为调度，东湖与长江的水体交换逐渐受阻。武汉东湖是以东湖天然湖泊景观为核心的国家 AAAAA 级旅游景区，由听涛、磨山、落雁、吹笛和白马等 6 个景区组成，素有"楚韵山水、大美东湖"的美称。

根据湖北省批准实施的《湖北省水功能区划》，东湖为开发利用区，水功能区划见表 7-18。

表 7 - 18			东湖水功能区划情况表									
编码	一级水功能区名称	水资源分区	水系	河流、湖泊、水库	河段	起始断面	终止断面	长度（km）或面积（km²）	现状水质	水质目标	区划依据	备注
0607117 0103000	东湖开发利用区	长江中游干流	长江中游下段南岸		武昌			34.7km²	Ⅲ类	Ⅲ类	城市湖泊，风景旅游区	
0607117 0103014	东湖景观娱乐用水区	东湖开发利用区	长江		东湖	湖区		湖区	Ⅲ类	Ⅴ类	景观娱乐	

二、选用的评估指标体系

根据湖泊健康评价指标章节的叙述，针对东湖流域具体情况，主要考虑的评估指标体系包括水文水资源、物理结构、水质状况、水生生物状况、社会服务功能、管理状况等 6 个准则层，根据湖泊功能，在对应的准则层下选择最低生态水位满足程度、湖泊水系连通状况、滨岸带植被覆盖率、水质类别、水体营养状况、浮游植物多样性、鱼类生物损失指数、大型水生植物覆盖度、水功能区达标率、防洪工程达标率、公众满意度、管理体制机制等共计 12 个指标进行综合评估，东湖健康评估指标体系见表 7 - 19。

表 7 - 19		东湖健康评估指标体系表
目标层	准则层	指 标 层
湖泊健康评价	水文水资源	最低生态水位满足程度
	物理结构	湖泊水系连通状况
		滨岸带植被覆盖率
	水质状况	水质状况
		水体营养状况
	水生生物状况	浮游植物数量/多样性
		鱼类生物损失指数
		大型水生植物覆盖度
	社会服务功能	水功能区达标率
		防洪工程达标率
		公众满意度
	管理状况	体制机制

三、健康评估得分

根据第七章第二节及第三节所述内容，分别对指标层各指标要素进行赋分，并根据设计指标权重，评估东湖健康状况，其中水质层评估对郭郑湖、庙湖、汤菱湖、东湖风景区湖心及三处近岸点的多次监测成果取平均值，再对东湖进行综合评估赋分。评估成果见表 7 - 20。

表 7 - 20　　　　　　　　　　　　　东湖健康评估得分表

目标层	亚层	权重	准则层	权重	指标层	指标权重	赋分	赋分情况
湖泊健康评价	生态完整性	0.6	水文水资源	0.2	生态流量保障程度	—	100	57.0
					水文水资源指标赋分		100	
			物理结构	0.2	湖岸带状况	0.5	72	
					湖泊水系连通状况	0.5	80	
					物理结构指标赋分		76	
			水质状况	0.2	水质状况	取最小分	100	
					水体营养状况		66.4	
					水质状况指标得分		66.4	
			水生生物状况	0.4	鱼类生物损失指数	取最小分	38	
					浮游植物数量/多样性		48.5	
					大型水生植物覆盖度		50	
					生物指标赋分		38	
	社会服务	0.3	社会服务功能	—	水功能区达标指标	0.33	0	
					防洪排涝达标率	0.33	80	
					公众满意度指标	0.33	65	
					社会服务功能指标赋分		47.9	
	管理情况	0.1	管理状况	—	管理状况指标赋分		80	
东　湖　健　康　综　合　评　估　得　分							60.6	

四、东湖总体健康评价

在水文水资源方面，因东湖汇水范围内无水文站，且现状补水水源与天然条件下与长江连通的状况已发生很大的变化，现状由于大东湖的水网连通工程尚未完全实施，但东湖已有外流域补水，东湖水资源已形成新的水资源平衡状态，故本次评估选用最低生态水位满足状况指标进行湖泊水文水资源评估，东湖的生态水位保障程度较高。

东湖现状形态与初期（由长江淤塞形成之初）已发生巨大变化，受淤积影响及社会经济的发展，随着 20 世纪 60 年代的围湖造田和 90 年代的城市建设，湖泊面积大为减少，但随着武汉市"三线一路"保护规划的实施，东湖的控制红线已确定，故本次物理结构评估未选用湖泊萎缩状况指标。东湖的湖岸稳定性及植物覆盖度较好，特别是东湖风景区内植被覆盖度较高。但由于东湖为武汉城中湖，湖滨带受人工干扰程度也较高。东湖的物理结构总体较好，处于健康状态。

在水质状况方面，东湖处于健康与亚健康的临界状态。水体总体处于中度富营养化状态，耗氧有机污染相对比较严重，直接决定水质层赋分值。从郭郑湖、庙湖、汤菱湖、东湖风景区湖心及三处近岸点的多次水质监测成果来看，各子湖中庙湖的水污染最为严重，其他各子湖的水质状态良好。近岸带由于受沿岸人类活动的影响，水质略低于东湖湖心。

在水生生物状况方面，江湖阻隔、无序养殖、水生植物衰退，导致鱼类种类多样性下降，鲢、鳙等人工放养鱼类种群逐年增大，天然鱼类种群普遍较小，消失的鱼类以洄游性鱼类和长江鱼类为主。浮游植物种类更替及水生高等植物的衰竭与水体的富营养化程度密切相关，喜好高有机质的耐污种在东湖浮游植物群落中的优势度高，而喜好贫营养型水体的不耐污种逐渐减少甚至消失。水生高等植物耐污种类变成优势种，不耐污种类逐渐消失。东湖浮游植物总属数下降趋势明显，浮游植物数量先增后减，于20世纪90年代达到最高值，近年来浮游植物数量虽然显著减少，但浮游植物数量指标仍不容乐观，其赋分结果直接导致了东湖的生物层处于不健康状态，富营养化较严重。

东湖生态完整性赋分为60.6分，属于健康范畴，这表明东湖尽管水文水资源、物理结构等方面自然状况良好，但湖泊水体的富营养化影响了东湖的生物多样性，水生态平衡遭受破坏，总体得分偏低。

鉴于武汉东湖的开发利用仅有景观娱乐功能，故本次评估体系中社会服务层共设水功能区达标率、防洪调蓄、公众满意度三个指标。东湖水功能区水质目标为Ⅲ类，现状总体水质为Ⅴ类，局部达到劣Ⅴ类，功能区水质不达标，主要超标指标为TN和TP。"大东湖"生态水网连通工程，规划东湖常水位19.15m，现状由于景观等多方面要求，湖泊常水位平均约19.6m，2012年实测最高水位为19.9m，故东湖的防洪调蓄潜力较高，现状调蓄能力有限，防洪调蓄属于健康范畴内。东湖公众满意度得分为65分，属于基本满意范畴内。

综合以上指标评估，东湖健康指数评估赋分为60.6分，综合评价结果为亚健康。

参 考 文 献

［1］ 何子杰, 徐驰. 2021, 构建长三角区域一体化水网思路探讨［J］. 人民长江, 52 (S1)：1-4.

［2］ 汪民. 江汉平原水网地区农村聚落空间演变机理及其调控策略研究［D］. 武汉：华中科技大学, 2016.

［3］ 林济国. 三生协调下江汉平原水网地区村庄空间布局研究［D］. 武汉：武汉工程大学, 2018.

［4］ 崔保山, 蔡燕子, 谢湉, 等. 湿地水文连通的生态效应研究进展及发展趋势［J］. 北京师范大学学报（自然科学版）, 2016, 52 (6)：738-746.

［5］ 刘丹, 王烜, 李春晖, 等. 水文连通性对湖泊生态环境影响的研究进展［J］. 长江流域资源与环境, 2019, 28 (7)：1702-1715.

［6］ 张建云, 宋晓猛, 王国庆, 等. 变化环境下城市水文学的发展与挑战——I. 城市水文效应［J］. 水科学进展, 2014, 25 (4)：594-605.

［7］ 张建云. 城市化与城市水文学面临的问题［J］. 水利水运工程学报, 2012 (1)：1-4.

［8］ 武建虎. 城市化发展引起的城市水文问题探讨［J］. 山西水利科技, 2005 (4)：41-42.

［9］ LERNER D N. Identifying and quantifying urban recharge：A review［J］. Hydrogeology Journal, 2002, 10 (1)：143-152.

［10］ 汪理文. 武汉市湖泊水质分析［D］. 武汉：华中师范大学, 2013.

［11］ 2020 年武汉市生态环境状况公报［N］. 长江日报, 2021-6-5 (6).

［12］ 2013 年武汉市环境状况公报［N］. 长江日报, 2014-3-20 (12).

［13］ 孙艳伟. 城市化和低影响发展的生态水文效应研究［D］. 杨凌：西北农林科技大学, 2011.

［14］ 陈昆仑, 齐漫, 王旭, 等. 1995—2015 年武汉城市湖泊景观生态安全格局演化［J］. 生态学报, 2019, 39 (5)：1725-1734.

［15］ LEIVA A M, NUNEZ R B, GOMEZ G, et al. Performance of ornamental plants in monoculture and polyculture horizontal subsurface flow constructed wetlands for treating wastewater［J］. Ecological Engineering, 2018, 120：116-125.

［16］ 易乃康, 彭开铭, 陆丽君, 等. 人工湿地植物对脱氮微生物活性的影响机制研究进展［J］. 水处理技术, 2016, 42 (4)：12-16.

［17］ SANDOVAL L, MARIN-MUNIZ J L, ZAMORA-CASTRO S, et al. Evaluation of wastewater treatment by microcosms of vertical subsurface wetlands in partially saturated conditions planted with ornamental plants and filled with mineral and plastic substrates［J］. International Journal of Environmental Research&Public Health, 2019, 16 (2)：167.

［18］ 陶正凯, 陶梦妮, 王印, 等. 人工湿地植物的选择与应用［J］. 湖北农业科学, 2019, 58 (1)：44-48.

［19］ 杨锦. 湿地植物对人工湿地生态环境修复的重要性［J］. 环境与发展, 2018, 30 (8)：203.

［20］ 刘翠翠. 人工湿地污水处理技术研究进展［J］. 中国新技术新产品, 2019 (15)：100-101.

［21］ KUMAR S, DUTTA V. Efficiency of Constructed Wetland Microcosms (CWMs) for the Treatment of Domestic Wastewater Using Aquatic Macrophytes［M］//Sobti RC, Arora NK, Kothari R. Environmental Biotechnology：For Sustainable Future. Germany：Springer, 2019：

287 -307.

[22] 陈雷. 全面贯彻落实中央水利工作会议精神开创中国特色水利现代化事业新局面 [N]. 中国水利报, 2011 - 7 - 14 (1).

[23] 窦明, 崔国韬, 左其亭, 等. 河湖水系连通的特征分析 [J]. 中国水利, 2011 (16): 17 - 19.

[24] 李宗礼, 李原园, 王中根, 等. 河湖水系连通研究: 概念框架 [J]. 自然资源学报, 2011, 26 (3): 513 - 522.

[25] 陈康. 黄河水沙变异及其对下游河道连通性的影响 [D]. 北京: 中国水利水电科学研究院, 2018.

[26] 陈吟. 冲积河流水系连通性机理与预测评价模型 [D]. 北京: 中国水利水电科学研究院, 2019.

[27] 王光谦. 游荡型河流演变及模拟 [M]. 北京: 科学出版社, 2005.

[28] 石伟, 王光谦. 黄河下游生态需水量及其估算 [J]. 地理学报, 2002, 57 (5): 595 - 602.

[29] BOULTON A. Hyporheic rehabilitation in rivers: Restoring vertical connectivity [J]. Freshwater Biology, 2007, 52: 632 - 650.

[30] DAHL T, THEILING C, ECHEVARRIA W. Overview of Levee Setback Projects and Benefits [M]. 2017.

[31] HALL A, ROOD S, HIGGINS P. Resizing a River: A Downscaled, Seasonal Flow Regime Promotes Riparian Restoration [J]. Restoration Ecology. 2011 (19): 351 - 359.

[32] HANCOCK P. Human Impacts on the Stream - Groundwater Exchange Zone [J]. Environmental management. 2002 (29): 763 - 781.

[33] HESTER E, GOSEFF M. Moving Beyond the Banks: Hyporheic Restoration Is Fundamental to Restoring Ecological Services and Functions of Streams [J]. Environmental science & technology. 2010, 44: 1521 - 1525.

[34] LAVE R. Fields and Streams: Stream Restoration, Neoliberalism, and the Future of Environmental Science [M]. Athens City: University of Georgia Press, 2012, 18 - 38.

[35] LEE FAILING G H A P. Using Expert Judgment and Stakeholder Values to Evaluate Adaptive Management Options [J]. Ecology and Society, 2004, 9 (1): 13.

[36] MOLLES M. Ecology: concepts and applications [M]. New York City: McGraw - Hill Education, 2015.

[37] PACKMAN A I, BENCALA K E. 2 - Modeling Surface - Subsurface Hydrological Interactions [M]. JONES J B, MULHOLLAND P J, SAN DIEGO Streams and Ground Waters: Pittsburgh: American Academic Press, 2000, 45 - 80.

[38] POOLE G, STANFORD J, RUNNING S, et al. Multiscale geomorphic drivers of groundwater flow paths: Subsurface hydrologic dynamics and hyporheic habitat diversity [J]. Journal of the North American Benthological Society. 2006 (25): 288 - 303.

[39] Rijkswaterstaat. Room for the River [Z].

[40] USACE A C O E. HEC - RAS river analysis system user's manual [M]. California: Hydrologic Engineering Center, 2002.

[41] Yu S, BRAND A D, BERKE P. Making room for the river [J]. Journal of the American Planning Association. 2020, 86 (4): 417 - 430.

[42] ZHONG Y, POWER G. Environmental impacts of hydroelectric projects on fish resources in China [J]. Regulated Rivers: Research & Management. 1996, 12 (1): 81 - 98.

[43] 曹庆磊, 杨文俊, 周良景. 国内外过鱼设施研究综述 [J]. 长江科学院院报, 2010, 27 (5): 39 - 43.

[44] 董哲仁. 试论生态水利工程的基本设计原则 [J]. 水利学报, 2004 (10): 1 - 6.

[45] 董哲仁. 筑坝河流的生态补偿 [J]. 中国工程科学, 2006, 8 (1): 5 - 10.

[46]　董哲仁. 探索生态水利工程学 [J]. 中国工程科学，2007 (1)：1-7.

[47]　董哲仁，王宏涛，赵进勇，等. 恢复河湖水系连通性生态调查与规划方法 [J]. 水利水电技术，2013，44 (11)：8-13.

[48]　高玉琴，刘云苹，王怀志，等. 退役坝拆除现状及其影响研究进展综述 [J]. 水资源与水工程学报，2018，29 (6)：133-139.

[49]　国家环境保护总局. 水利水电开发项目生态环境保护研究与实践 [M]. 北京：中国环境科学出版社，2006.

[50]　湖北省湖泊志编纂委员会. 湖北省湖泊志 [M]. 武汉：湖北科学技术出版社，2014.

[51]　李汉卿，葛耀. 河流清淤工程环境影响评价中应关注的几点问题 [J]. 治淮，2020 (2)：62-64.

[52]　李宗礼，李原园，王中根，等. 河湖水系连通研究：概念框架 [J]. 自然资源学报，2011，26 (3)：513-522.

[53]　马栋，张晶，赵进勇，等. 扬州市主城区水系连通性定量评价及改善措施 [J]. 水资源保护，2018，34 (5)：34-40.

[54]　王丽，朱远生，杨晓灵，等. 大藤峡水利枢纽工程设计中的水生态优化措施 [J]. 水资源保护，2016，32 (3)：74-78.

[55]　吴晓春，史建全. 基于生态修复的青海湖沙柳河鱼道建设与维护 [J]. 农业工程学报，2014，30 (22)：130-136.

[56]　夏继红，陈永明，周子晔，等. 河流水系连通性机制及计算方法综述 [J]. 水科学进展，2017，28 (5)：780-787.

[57]　向衍，盛金保，袁辉，等. 中国水库大坝降等报废现状与退役评估研究 [J]. 中国科学：技术科学，2015 (12)：1304-1310.

[58]　邢雅囡. 平原河网区城市河道底质营养盐释放行为及机理研究 [D]. 南京：河海大学，2006.

[59]　杨桂山，翁立达，李利锋. 长江保护与发展报告2007 [M]. 武汉：长江出版社，2007.

[60]　易雨君，王兆印. 大坝对长江流域洄游鱼类的影响 [J]. 水利水电技术，2009，40 (1)：29-33.

[61]　张欧阳，熊文，丁洪亮. 长江流域水系连通特征及其影响因素分析 [J]. 人民长江，2010，41 (1)：1-5.

[62]　张清慧，董旭辉，姚敏，等. 近200年来湖北涨渡湖对江湖联通变化的环境响应 [J]. 湖泊科学，2013，25 (4)：463-470.

[63]　中华人民共和国国家统计局. 中国统计年鉴2020 [M]. 北京：中国统计出版社，2020.

[64]　中华人民共和国水利部. 水利水电工程鱼道设计导则：SL 609—2013 [S]. 北京：中国水利水电出版社，2013.

[65]　中华人民共和国水利部. 河湖生态系统保护与修复工程技术导则：SL/T 800—2020 [S]. 北京：中国水利水电出版社，2020.

[66]　陈明曦，陈芳清，刘德富. 应用景观生态学原理构建城市河道生态护岸 [J]. 长江流域资源与环境，2007 (1)：97-101.

[67]　王鑫. 城市河流廊道规划设计策略——以西宁北川河为例 [J]. 中外建筑，2012 (8)：102-106.

[68]　杨中华. 城市河道景观设计与生态保护前瞻性策略分析 [J]. 建材发展导向，2013 (6)：29-30.

[69]　住房和城乡建设部. 海绵城市建设技术指南——低影响开发雨水系统构建 [J]. 建设科技，2015 (1)：10.

[70]　孟建军. 生态缓坡式堤防在武汉市武青堤堤防江滩综合整治工程的运用 [J]. 中国防汛抗旱，2016，26 (5)：113-117.

［71］ 住房和城乡建设部. 海绵城市建设技术指南——低影响开发雨水系统构建（试行）［C］//北京：住房和城乡建设部，2015.

［72］ 俞孔坚. 海绵城市的三大关键策略：消纳、减速与适应［J］. 南方建筑，2015（3）：4-7.

［73］ 李佑亮. 岸坡生态治理稳定性影响因素分析［J］. 水利规划与设计，2018（11）：146-147，182.

［74］ 陶桂兰，郭海梅. 内河航道生态护岸工程技术应用现状与发展［J］，2007.

［75］ 计人义. 浅谈中小河流治理工程中岸坡稳定性分析［J］. 中国科技博览，2014（28）：325-325.

［76］ 赵玉青，邢毅，宗秋果，等. 生态混凝土护坡复合结构稳定性研究方法：CN105714738B［P］. 2019-06-01.

［77］ 黄潇以. 基于鸟类栖息地营造的厦门九溪口湿地公园规划设计［D］. 北京：北京林业大学，2020.

［78］ 王蕾，杨子艺，刘磊. 城市湿地公园鸟类栖息地构建实践与方法研究［J］. 安徽农业科学，2020，48（1）：80-82.

［79］ 杨云峰. 城市湿地公园中鸟类栖息地的营建［J］. 林业科技开发，2013，27（6）：89-93.

［80］ 江国英. 基于人、鸟和谐的城市湿地公园规划及景观营建研究［D］. 福州：福建农林大学，2012.

［81］ 吴后建，郭克疾，但新球，等. 江西药湖湿地水禽栖息地保护与恢复规划设计［J］. 林业调查规划，2010，35（1）：102-107.

［82］ LEWIS J C . Habitat suitability index models：roseate spoonbill［R］. Washington DC：US Dept Int，Fish Wildl Serv，1983：5-12.

［83］ 朱强，俞孔坚，李迪华. 景观规划中的生态廊道宽度［J］. 生态学报，2005，25（9）：2406-2412.

［84］ 秦帅. 鹰潭市白鹭公园规划设计［D］. 武汉：华中农业大学，2012.

［85］ 刘睿. 水利水电开发中支流鱼类栖息地保护模式研究［J］. 环境与发展，2017，8（124）：211-213.

［86］ 克雷格·S·坎贝尔，迈克尔·H·奥格登. 湿地与景观［M］. 吴晓芙，译. 北京：中国林业出版社，2005：212.

［87］ 尚士友，杜健民. 草型湖泊富营养化适度控制技术的研究［J］. 内蒙古农牧学院学报（自然科学版），1995（2）：87-90.

［88］ 吴佳鹏，刘来胜，王启文，等. 城市湖泊生态健康评价指标体系研究［J］. 水力发电，2020，46（3）：1-3，112.

［89］ 魏春风. 松花江干流河流健康评价研究［D］. 长春：中国科学院大学（中国科学院东北地理与农业生态研究所），2018.

［90］ 牛智航. 密云水库上游流域典型入库河流健康评价［D］. 邯郸：河北工程大学，2020.

［91］ 王凯. 城市内河水体健康评价指标体系研究［D］. 南京：南京师范大学，2020.

［92］ 刘存，徐嘉，张俊，等. 国内河流健康研究综述［J］. 海河水利，2018（4）：6-12.